乡村振兴
——科技助力系列

丛书主编：袁隆平　官春云　印遇龙
　　　　　邹学校　刘仲华　刘少军

食用菌
生产与加工新技术

胡汝晓　徐　宁　姜性坚　李　再　吴　芳　黄民凤◎编著

湖南科学技术出版社

·长沙·

图书在版编目（CIP）数据

食用菌生产与加工新技术 / 胡汝晓等编著. -- 长沙：
湖南科学技术出版社，2025. 7. --（乡村振兴）.
ISBN 978-7-5710-3416-0

Ⅰ. S646

中国国家版本馆 CIP 数据核字第 2025WA7101 号

SHIYONGJUN SHENGCHAN YU JIAGONG XIN JISHU
食用菌生产与加工新技术

编　　著：胡汝晓　徐　宁　姜性坚　李　再　吴　芳　黄民凤
出 版 人：潘晓山
责任编辑：张蓓羽
出版发行：湖南科学技术出版社
社　　址：长沙市芙蓉中路一段 416 号泊富国际金融中心
网　　址：http://www.hnstp.com
湖南科学技术出版社天猫旗舰店网址：
　　　　　http://hnkjcbs.tmall.com
邮购联系：0731-84375808
印　　刷：长沙三仁包装有限公司
　　　　　（印装质量问题请直接与本厂联系）
厂　　址：长沙市宁乡高新区泉洲北路 98 号
邮　　编：410604
版　　次：2025 年 7 月第 1 版
印　　次：2025 年 7 月第 1 次印刷
开　　本：710 mm×1000 mm　1/16
印　　张：13.75
字　　数：246 千字
书　　号：ISBN 978-7-5710-3416-0
定　　价：35.00 元

前　言

　　时光荏苒，岁月如梭。不经意间，我已深耕食用菌领域十七载。从当初仅识平菇、香菇、木耳寥寥数种，到如今二三十种菌类随口道出，我对食用菌产业的认识与日俱增。尽管如此，每当我看着一小团菌丝延伸长满整片培养基质，最终扭结成菇时，我依然满心激动，感受到生命的律动，感叹于自然界的奇迹。食用菌产业以其投资少、见效快、适应性强、经济价值突出等特点，在农业项目中极具竞争力。近年来，湖南省供销合作总社、湖南省纪委、湖南省科技厅及岳麓区政府乡村振兴点均引入了食用菌项目。据统计，在脱贫攻坚阶段，全国 592 个贫困县中，有 420 个县实施了发展食用菌产业精准扶贫计划，占比超过 70％。2017 年中央一号文件将食用菌产业列为提倡大力发展的"优势特色产业"之一，2019 年、2023 年和2025 年，"食用菌产业"多次被写入中央一号文件。食用菌已成为仅次于粮、油、果、蔬的第五大农作物，也成为各地精准扶贫及乡村振兴战略的重要抓手。然而，食用菌产业目前仍面临技术滞后的问题。本质上，食用菌生产兼具一般农作物生产的普遍特性和微生物生产的特殊性：菌种易退化老化、生产环境洁净度要求高、培养基质灭菌操作专业性强、接种无菌操作难以理解和掌握等。因此，技术推广在食用菌产业中具有特别重要的作用，很多时候直接决定食用菌项目的成败。

　　自 2010 年至今，我一直负责湖南省食用菌研究所栽培技术培训，在这个过程中，我深感要把握食用菌生产技术的精髓，应从两条主线入手：一是如何让食用菌生长得更好，二是如何抑制病虫害生长。很多技术都是围绕这两条主线展开。读者在阅读本书时，也可结合这两条主线理解掌握各种食用菌生产技术。在本书编著过程中，我尤其重视技术的实用性与可读性。为使本书实用性更强，我在介绍灭菌设备时，不仅介绍了目前先进的BMQ－49 食用菌灭菌器，还介绍了极简易灭菌设备设施。而在介绍接种设备时，不仅介绍了先进的液体菌种接种机，还介绍了简易接种箱、接种帐等。这些技术兼顾了技术的先进性与实用性，能为从事食用菌产业的初创者提供极大便利，随着技术的提升，从业者自会根据需求改进其设备设施。为使本书可读性更强，使读者能对关键性技术一目了然，笔者精选了大量过程图片，这些图片大多是笔者在多年工作实际中从生产现场拍摄。这些图片包含了丰富的技术信息。例如，在杏鲍菇出菇过程中，因拍摄时环境湿度差异，照片会呈现出不同清晰度。因此，不同技术水平的读者可从同一张照片中读出不同的技术信息，笔者衷心希望读者能细细体会，读出尽可能多的技术信息。

本书章节安排遵循食用菌基地建设和生产的基本流程。第一章概述食用菌产业发展，从总体上介绍食用菌产业；第二章介绍食用菌生产场地的选址、建设及日常管理基本要求；第三章介绍食用菌菌种生产、原料加工、栽培及产品初加工常用的设备设施，需要说明的是，食用菌生产设备设施种类繁多，且日新月异，本书只能举例介绍，旨在抛砖引玉；第四章介绍与食用菌栽培密切相关的重要食用菌菌种概念、相关菌种生产技术；第五章具体介绍了平菇、香菇、灰树花等 11 个中南地区常见且重要的食用菌品种的生产技术，部分品种还介绍了有代表性的加工技术；第六章介绍中南地区常见的食用菌病虫害及其防治技术。

本书第五章灵芝栽培技术由姜性坚执笔，第五章部分品种加工技术由徐宁执笔，其余章节由我执笔，同时，姜性坚对全书进行了审阅，李再等同志对书中资料进行了收集。本书的出版得到了湖南省科学技术厅重点领域研发计划项目资金（2020NK2053）及湖南科学技术出版社编辑的大力支持。同时还得益于众多良师益友的帮助，特别是那些我参观过的众多食用菌菌种企业、生产与加工企业的负责人和技术员们，他们为我提供了参观及拍照的便利，并积极与我进行技术交流探讨，不再逐一列出，在此深表谢意。

由于编者水平和时间有限，书中难免存在疏漏和不足之处，敬请各位同仁和广大读者谅解并批评指正。

湖南省食用菌研究所　胡汝晓

2024 年 8 月

目　录

第一章　食用菌产业发展概论 ……………………………………… 1

第二章　食用菌生产场地 …………………………………………… 11

第三章　食用菌生产及加工常用设备设施 ………………………… 16

　　第一节　菌种生产常用设备设施 …………………………………… 16

　　第二节　原料生产常用设备设施 …………………………………… 19

　　第三节　拌料常用设备设施 ………………………………………… 20

　　第四节　打包常用设备设施 ………………………………………… 21

　　第五节　常用灭菌设备设施 ………………………………………… 22

　　第六节　常用接种设备设施 ………………………………………… 25

　　第七节　培菌出菇常用设备设施 …………………………………… 26

　　第八节　采收后初加工常用设备设施 ……………………………… 29

第四章　食用菌菌种生产技术 ……………………………………… 31

第五章　食用菌栽培技术 …………………………………………… 45

　　第一节　平　菇 ……………………………………………………… 45

　　第二节　香　菇 ……………………………………………………… 55

　　第三节　灰树花 ……………………………………………………… 67

　　第四节　杏鲍菇 ……………………………………………………… 77

　　第五节　灵　芝 ……………………………………………………… 97

　　第六节　黑皮鸡枞 ………………………………………………… 115

第七节　双孢蘑菇 ……………………………………………… 125

第八节　大球盖菇 ……………………………………………… 136

第九节　竹　荪 ………………………………………………… 149

第十节　羊肚菌 ………………………………………………… 162

第十一节　茯　苓 ……………………………………………… 175

第六章　食用菌病虫害及其防治技术 ………………………… 195

第一节　食用菌病害及其防治技术 …………………………… 195

第二节　食用菌虫害及其防治技术 …………………………… 209

第一章　食用菌产业发展概论

一、我国食用菌产业特色

1. 食用菌为仅次于粮、油、果、蔬的第五大农作物

改革开放 40 多年来，我国食用菌产业获得迅猛发展，食用菌产量从 1978 年的 5.80 万 t，增长到 2022 年的 4 222.54 万 t，增长了 727.02 倍。改革开放后，我国食用菌栽培技术不断进步，越来越多的食用菌品种成功实现了商业化栽培。同时，随着人们生活水平的提高，消费者需求的结构升级，以及人们对食用菌产品的需求不断扩大，我国食用菌产能迅速攀升。1990 年，我国食用菌年产量突破 100 万 t，2000 年达到 663.70 万 t，2003 年我国食用菌年产量首次突破 1 000 万 t 大关。这一时期，得益于农业产业结构调整，食用菌作为我国农村经济中极具活力的新兴产业，保持了迅猛发展的势头。近 10 年来，随着我国食用菌产业体量的增长，增长率有所放缓，但绝对增长量仍保持高速增长。据中国食用菌协会的统计调查，2011 年全国食用菌总产量为 2 571.74 万 t，2019 年全国食用菌总产量为 3 933.87 万 t，2020 年全国食用菌总产量为 4 061.23 万 t（鲜品），2022 年全国食用菌总产量为 4 222.54 万 t（鲜品）。我国食用菌产业已超越糖料作物，成为继粮、油、菜、果之后的第五大农业种植产业。

2. 食用菌产业符合国家产业政策，受到党和国家高度重视

2017 年中央一号文件明确将食用菌列入"乡村特色产业"，食用菌已经成为各地乡村振兴战略的重要抓手。2020 年 4 月 20 日，中共中央总书记、国家主席、中央军委主席习近平前往陕西省柞水县小岭镇金米村考察脱贫攻坚工作，点赞柞水食用菌"小木耳，大产业"。2021 年，全国农业技术推广服务中心下发了《长江中下游地区大球盖菇冬季稻田生态栽培技术集成与示范推广方案》，旨在利用长江中下游稻区冬季闲田开展大球盖菇生态栽培工作，提升稻田综合种养经济效益。2023 年中央一号文件指出，"树立大食物观，加快构建粮经饲统筹、农林牧渔结合、植物动物微生物并举的多

元化食物供给体系""培育壮大食用菌和藻类产业",首次将食用菌(微生物)与植物和动物并列为"三物农业",为食用菌产业提质增效提供了政策支持。

3. 食用菌产业具有"五不争"特点和新四大产业定位

李玉院士提出食用菌产业的"五不争"特点以及食用菌产业新四大定位。"五不争"即不与人争粮、不与粮争地、不与地争肥、不与农争时、不与其他争资源;四大定位即产业结构调整新的选择、大健康产业新的抓手、精准扶贫新的路径(乡村振兴的好产业)、"一带一路"新的机遇。食用菌产业投资少、见效快,经济价值突出,且适宜农村劳动力就近灵活就业,是农民增收及偏远贫困山区农民脱贫致富的好途径。据央广网 2016 年 7 月 27 日报道,全国 592 个贫困县中,有 420 个县实施了发展食用菌产业精准扶贫计划,占比达 72%。2019 年中央一号文件明确将食用菌列入"乡村特色产业",食用菌已经成为各地乡村振兴战略的重要抓手。同时,食用菌产业适合"一带一路"沿线发展中国家的国情,可推动当地产业发展,带动人民就业,增加人民收入,是沿线人民脱贫致富的好途径。

4. 食用菌属高效、绿色、生态和循环农业

食用菌属高效、绿色、生态和循环农业,主要体现在以下几个方面。一是经济高效。食用菌栽培年产值:大田模式为 2 万~4 万元/亩(1 亩 ≈ 667 m²),轻简化模式为 3 万~6 万元/亩,工厂化模式为 40 万~60 万元/亩,其产值远高于一般的农业项目。二是资源利用高效、生态、绿色、可循环。食用菌主要利用秸秆、木屑、玉米芯、棉籽壳等农林下脚料生产高蛋白、低脂肪、低能量的菌类食品,食用菌生产后的菌糠可以用于有机肥、育苗基质、栽培基质的生产,具有改良土壤、节肥增效的作用。因此,食用菌产业既是将农林废弃物资源化利用的高效绿色生态农业,也是推动循环经济发展的循环农业,有利于实现我国现代农业绿色生态循环可持续发展。三是微生境绿色、生态、可持续。食用菌可与水稻、蔬菜、水果等农作物轮作套种,能丰富土壤微生物菌群,优化土壤微生态环境,还可以起到疏松土壤,提高土壤通气性和持水性,改善土壤结构的作用。同时,食用菌种植后的废菌料可用作农作物底肥,能培肥地力,从而促进农作物健壮生长,提高农作物质量和产量,实现食用菌与农作物相互促进,大大提高土地产出率,形成生态高效农业典范的目标。

5. 我国是世界第一大食用菌生产国、消费国及出口国

2022 年全国食用菌总产量 4 222.54 万 t(鲜品),总产值 3 887.22 亿

元。我国食用菌现有栽培品种 80 多个，50 多个品种实现商业化生产，30 多个品种实现规模化栽培，2022 年产量超过 100 万 t 的 7 大食用菌品种依次为香菇、黑木耳、平菇、毛木耳、金针菇、双孢蘑菇、杏鲍菇。产量在 30 万～99 万 t 的 6 个食用菌品种依次为茶树菇、秀珍菇、滑菇、真姬菇、银耳、大球盖菇，其他菇产量共 225.95 万 t。全国已发展食用菌生产专业乡、镇、村 1 万多个，从业人员约 3 000 万人。我国食用菌出口到世界多个国家和地区，2022 年全国各类食用菌产品年出口数量为 68.25 万 t，创汇金额 31.52 亿美元。

二、食用菌的营养、保健和药用价值

1. 食用菌的营养价值

食用菌营养丰富，含有蛋白质、糖类、脂类、维生素、矿物质等多种营养成分；具有高蛋白、低糖、低脂肪、无淀粉、无胆固醇、高膳食纤维、多氨基酸、多维生素、多矿物质的营养特征。

（1）蛋白质含量高，易吸收

食用菌的蛋白质含量较高，其鲜品的蛋白质含量一般为 2%～10%，高于蔬菜、水果。食用菌干品蛋白质含量为 19%～35%，而稻米蛋白质含量仅为 7.3%，小麦 12%，牛奶 25%。同时食用菌蛋白质消化率高，大约 70% 的食用菌蛋白质能在人体消化酶作用下，分解成氨基酸被人体吸收，如蘑菇干粉蛋白质含量超过 42%，蛋白质消化率高达 88.3%。

（2）氨基酸种类全，必需氨基酸含量高

食用菌的氨基酸种类齐全，并含有 8 种人体不能合成而又不可缺少的必需氨基酸，且必需氨基酸含量高达菇体氨基酸总量的 25%～45%，其中赖氨酸和亮氨酸含量较为丰富，这正是许多粮食作物所缺乏的。金针菇游离氨基酸含量高达 20.23%，尤其是赖氨酸、精氨酸含量高，能促进儿童的身体健康和智力发育，故被人们称为"增智菇"。

（3）脂肪含量低，非饱和脂肪酸为主

食用菌所含的脂类物质主要包括脂肪酸、植物甾醇和磷脂。与其他食品相比，食用菌脂质含量较低，一般含量仅 2%～4%，为低能量食物，但天然粗脂肪含量丰富。不同种类或品种的食用菌粗脂肪含量不同，黑木耳为 0.74%，香菇为 1.71%，金针菇为 2.85%，蘑菇为 4.12%，姬松茸子实体 5.34%，平均含量为干重的 3.0%。其次，不饱和脂肪酸的含量（以亚油酸为主）大于 70%。目前广泛栽培的几种主要食用菌的不饱和脂肪酸的含量约占总脂肪酸含量的 72.0%，其中亚油酸占总脂肪酸含量的比例分别为：香菇 76.0%，双孢蘑菇 69.0%，草菇 70.0%。再次，植物甾醇尤其是麦角甾醇含量较高，如草菇干品的麦角甾醇含量为 0.47%，香菇为 0.27%，蘑菇为 0.13%。麦角甾醇是维生素 D 的前体，它在紫外线照射下可转变为维生素 D，维生素 D 能促进钙的吸收，可预防佝偻病。

（4）膳食纤维丰富，营养性糖类含量较低

碳水化合物是食用菌中含量最高的成分，一般占干重的 60% 左右。其碳水化合物中纤维素含量不高，仅有 10%～12%，而半纤维素含量较高，一般在 13%～32%，不同菇类中半纤维素含量有所差异，胶质食用菌类半纤维素含量高于肉质食用菌。膳食纤维主要包括糖原（肝糖）和真菌甲壳素（壳多糖），它们是食用菌纤维素的主要成分，属于食物性纤维，其含量一般为食用菌干重的 29.0%～55.0%。在食用菌碳水化合物中，营养性糖类含量为 2%～10%，包括海藻糖（菌糖）和糖醇，它们经水解生成葡萄糖被机体吸收利用。

（5）富含维生素

维生素是维持人体正常生理活动的必需物质，一般在人体内不能合成，必须由食物供给。食用菌是良好的维生素来源，大多数食用菌都含有硫胺素、核黄素、泛酸、烟酸、吡哆醇、钴胺素、烟酸、抗坏血酸、生物素、叶酸、胡萝卜素、维生素 E 以及麦角甾醇等。大多数食用菌中维生素 C 的含量与蔬菜中的相近，但草菇、猴头菌中维生素 C 的含量较高。含维生素 A 的食用菌种类较少，只有鸡油菌、蜜环菌的维生素 A 含量较高。胶质菌中的胡萝卜素、维生素 E 含量高于肉质菌，而肉质菌中草菇、香菇的维生素总量高于胶质菌。

（6）含多种人体必需的矿物质

食用菌含有人体必需的多种矿物质，不同菌类中矿物质的含量及其比例不同。大球盖菇中铁、钙、钾含量丰富，姬松茸中锌、铜、钙含量丰富，鸡腿菇中钙、钾含量丰富，鲍鱼菇、金针菇、姬菇、杏鲍菇中镁含量丰富，香菇、银耳、木耳等含有较多的钾、钙、镁等矿物质。相对来说，食用菌中以钾、磷、钠含量最高，其次是钙、镁和铁，再次为锌、铜、锰、钼和硒等。而铅、汞、镉等重金属元素含量极少，对人体健康无不利影响。食用菌所含的矿物质与人体需要的矿物质相近，可满足人体对矿物质的需求。灵芝内含有特殊元素锗，具有抗肿瘤、抗衰老、美容养颜、延年益寿的作用。

2. 食用菌的保健价值

食用菌味道鲜美，脂肪、营养性糖含量低，富含蛋白质、维生素、矿物质等营养成分和生物活性成分，具有较好的保健功能，食用菌主要保健功效如下。

（1）增强免疫功能

食用菌多糖是非特异性免疫促进剂，是增强机体免疫功能的主要成分之一（香菇多糖、灵芝多糖、灰树花多糖），通过促进单核巨噬细胞的吞噬功能，激活自然杀伤细胞，调节 T 淋巴细胞向 Th1/Th2 细胞分化的比例，诱导 B 细胞成熟并产生特异抗体等方式，提高机体非特异性免疫水平。研究表明，香菇多糖不仅能激发人体内抗体的形成，还可诱导干扰素的合成。抗体和干扰素都能增强机体免疫力，但作用机制不同。抗体与体内特定抗原结合能提高人体抵御外界细菌、病毒侵染的能力；干扰素能破坏病毒结构，防止病毒滋生。

（2）抗肿瘤

多数食用菌具有抗肿瘤作用，且效果显著。如金针菇（朴菇）内含有的朴菇素，是能抑制肿瘤生长的蛋白质，长期食用可有效防治癌症；银耳多糖、双孢菇多糖能抑制肿瘤形成及生长；灵芝多糖、杏鲍菇多糖、巴西菇多糖对癌症也有明显的预防和治疗作用。

（3）降血糖、血脂及血压

黑木耳、猴头菇、灰树花、灵芝、茯苓等的菌多糖均有一定的降血糖功效；黑木耳、金耳、银耳等胶质菌均有不错的降血脂功效。机体内胆固醇含量过高是引发高血压的原因之一。有研究表明，金针菇、香菇均可有效降低人体胆固醇水平，进而起到降血压的作用。

（4）抗氧化与抗衰老

食用菌中含有多种矿物质，如锗、硒等具有消除体内氧化自由基以抗氧化的作用，进而能抗衰老、延年益寿。

（5）养胃、助消化

长期食用猴头菇可有效预防各种胃病，如市面上销售的猴头菇饼干堪称饼干中的养胃佳品，其原因就在于饼干中添加了猴头菇多糖。杨焱等研究结果表明猴头菇多糖对胃黏膜有修复和保护作用，其对溃疡的抑制率达70%。罗霞等研究结果表明羊肚菌对胃也有一定的保护作用。市售药物"葵花胃康灵"的成分之一是茯苓，可在一定程度上缓解胃病。同时，许多食用菌中含有较为丰富的膳食纤维，可促进人体肠胃蠕动，有助于消化，因此长期食用食用菌可降低胃病的发病率。

（6）增智、改善记忆力及护眼

研究表明，长期食用金针菇可有效提高记忆力。金针菇中精氨酸和赖氨酸含量丰富，因此也被称为"增智菇"。实践也证明，经常食用金针菇的儿童，在身高、体重、智力、记忆力等方面，均较其他儿童有明显优势。极少数食用菌具有保护视力的功效，如变绿红菇、青头菌等。

（7）护肝胆、抗病菌

食用菌对肝、胆有很好的保护作用，对于一些病症程度较轻的肝、胆疾病具有治疗作用。有资料记载，将熬煮、过滤后的食用菌滤液制成药物，对肝炎、胆囊炎、早期肝硬化等病症具有显著治疗作用。冬虫夏草和北冬虫夏草含有虫草素，对一些细菌和致病真菌有抑制作用。此外，有些食用菌还会产生抗生素，可起到抑菌作用，如翘鳞香菇。一些食用菌多糖对一些常见细菌和霉菌具有抑制作用，如杏鲍菇多糖可抑制白色念珠菌和产气肠杆菌的生长。

3. 食用菌的药用价值

食用菌或者说食药用菌在药物学上的运用途径，根据利用物质形态可分为两类：一类是子实体或菌核直接入药，一类是子实体、菌核、子座、固体发酵的"菌质"和液体发酵的菌丝体或菌液的提取物的加工制剂入药。在《中华人民共和国药典》2010 年版一部的 489 种"成方制剂和单味制剂"中，约有 170 种含大型真菌，其中分清五淋丸中含茯苓和猪苓，百令胶囊为冬虫夏草菌粉，妙济丸中有黑木耳（醋制）和茯苓，金水宝片和金水宝胶囊为发酵虫草菌粉，养正消积胶囊含灵芝和茯苓，三宝胶囊、白蚀丸、养心氏片、益心宁神片、益脑宁片含灵芝，猴头健胃灵胶囊为猴头菌培养物，其余制剂均含茯苓或茯神。由此可见，茯苓在药用制剂中使用广泛。

食用菌的药用功效与保健功效密切联系，一些功效在直接食用时表现为保健功能，而在入药或制药后就表现为药用功能，食用菌的主要药用功能如下。

（1）抗肿瘤活性

自 20 世纪 70 年代，日本学者千原羽田证实香菇多糖的抗肿瘤活性以来，食用菌的抗肿瘤活性就引起了科学家的关注。具有抗肿瘤功能的食用菌种类很多，主要包括层孔菌属、蘑菇属、侧耳属、灰树花属、牛肝菌属、灵芝属、虫草属、猴头菌属、香菇属、马勃属和裂褶菌属等。食用菌中抗肿瘤活性的物质主要包括：食用菌多糖、糖蛋白、生物活性蛋白质、核苷类和三萜类等。

（2）免疫调节作用

目前，很多具有免疫调节功能的生物活性物质在食用菌中被发现，主要为多糖类、糖肽类、三萜类、凝集素以及免疫调节蛋白类等。目前结构和功效都已明确的食用菌多糖有云芝多糖（PSK）、云芝多糖肽（PSP）、茯苓多糖、猪苓多糖、银耳多糖、香菇多糖等。

（3）抗病毒抗菌作用

研究表明，食用菌多糖可通过激活或提高免疫细胞的吞噬能力，发挥杀菌抗病毒作用。目前，研究报道具有抗病毒活性的食用菌有香菇、灰树花、蘑菇、凤尾菇、裂褶菌、云芝和冬虫夏草等。尤其真菌多糖对艾滋病毒（HIV-1）、单纯疱疹病毒（HSV-1、HSV-2）、巨细胞病毒（CMV）、流感病毒、水疱性口病毒（VSV）、劳斯肉瘤病毒（RSV）和禽肉瘤病毒（ASV）等多种病毒都有不同程度的抑制作用。

（4）控制心血管疾病及糖尿病

食用菌含有的多种菌多糖、酪氨酸酶等，均有较好的降血压功能。食用菌中丰富的菌多糖还具有显著的降血糖作用。现已发现多种食用菌多糖具有非常突出的降血糖活性，其中有灵芝多糖、虫草多糖、云芝多糖、银耳多糖、毛木耳多糖、猴头多糖和木耳多糖。

三、食用菌栽培产业的风险与发展趋势

1. 食用菌栽培产业的风险

（1）技术风险

食用菌生产受气候、土壤、水、空气等环境因子影响大。一方面，食用菌生产与环境微生物中的细菌、霉菌、黏菌、病毒及土壤微生物存在相互竞争、相互抑制、相互影响的共生关系。因此，食用菌生产容易受到多种病原微生物的危害，造成大面积病菌侵染而致食用菌减产，甚至绝收。另一方面，食用菌菌丝体和子实体鲜嫩多汁，香味浓郁，易吸引自然环境中昆虫、老鼠、鸟类摄食，导致歉收，甚至绝收。与一般的种植业相比，食用菌栽培专业性更强，既需要一般的农业种植技术，还需要微生物理论基础和操作技术。因此，有志于从事食用菌栽培的从业者，一定要经过专业的学习，还要经过一定时间的实践和经验积累，才能逐渐掌握并熟练运用食用菌栽培技术，获得较好的栽培效果。

（2）市场风险

食用菌鲜品鲜嫩多汁，菇体内多种酚类、肽类受到外界刺激或损伤易氧化变色。同时食用菌采后呼吸代谢旺盛，在20℃左右开伞更快，菇体干瘪、萎缩、发黄直至失水枯老，变质变味。食用菌鲜货期短，一般在20℃左右的温度下，鲜货期仅2～3天，在4℃左右低温下，鲜货期也只有5～7天，因此，食用菌鲜品不耐贮存运输，售价随季节波动极大，加之食用菌鲜品保鲜期较短，以致食用菌栽培产业的市场风险较大。而越是名贵的季节性鲜品食用菌，市场风险越大，食用菌栽培的从业者一定要有市场风险意识，努力建立适合自身的多样化产品销售渠道，才可能有效规避市场风险。

（3）极端气候风险

食用菌栽培，尤其是食用菌大田栽培，受自然气候的影响较大。近年来，幼蕾冻死、菇棚倒塌带来的减产和绝收，淘汰了一大批羊肚菌生产者。但是遭遇极端气候时，有些生产者因掌握了栽培技术遭灾较轻或不受影响，甚至因极端天气导致菇价上涨，少数生产者获得远高于正常年份的收益。由此可见，极端气候风险也有其可控的一面，提高栽培技术、严把设备设施质量关，是可以减轻或避免极端气候带来的损失的。

2. 食用菌产业发展趋势

我国食用菌产业发展趋势总体较好，具有较强的竞争优势。食用菌产业属劳动密集型产业，发达国家机械化生产显示不出优势，其他发展中国家劳动力稀少或生产技术落后，限制了生产，我国是食用菌生产大国和强国，许多食用菌品种产量和技术都处于世界领先水平。此外，我国是农业大国，生产食用菌还有原料优势，许多农林副产物都可用于栽培食用菌，栽培成本低于日本、韩国等国。

我国食用菌产品与日本、韩国及欧美发达国家相比，具有较大的价格优势，在国外市场尤其东南亚市场具有较强的竞争优势，因此我国食用菌出口量一直处于增长态势，世界第一食用菌出口国地位稳固。同时，我国人口基数大，人们素有吃食用菌的传统，随着人们生活水平的不断提高，味道鲜美，脂肪、糖含量低，富含蛋白质和膳食纤维的食用菌，十分符合现代人对健康食品的需求，必将在国内拥有越来越大的消费市场。

我国现已查明食用菌种类超过300种，其中人工驯化成功的栽培品种已有80多种，已进行商业化栽培的品种也有60多种。随着现代生物技术水平的不断提高，我国每3～5年就开发推广一批特色优质食用菌新品种，不断优化人们的食物结构，大幅改善食用菌品种结构，大力推动食用菌多品种、多元化消费升级发展，从而促进人们消费水平的提高。

目前，国家越来越重视食用菌产业发展。一是食用菌栽培产业是劳动密集型产业，在解决劳动就业方面有着非常重要的作用，而目前解决劳动就业问题是各级政府为民谋利的主要体现和政策取向；二是食用菌产业能带动畜牧业、种植业的发展，是解决"三农"问题、增加农民收入的重要产业，在我国工业化、城镇化和农业现代化方面发挥着重要的作用；三是食用菌产业是"三物农业"的重要支撑，蕴含着重要的"三物循环"可持续发展理念——植物通过光合作用合成各类有机物质，动物（包括人类）初步消化各类有机物质，微生物（包括食用菌）进一步分解各类有机物质，动物、植物和微生物相互联系，缺一不可，共同构成自然界中的最基本循环系统。"三物循环"生产是可持续农业的重要支撑。食用菌不仅能将植物和动物的废弃物分解转化为植物的肥料、修复耕地损耗、提高耕地和农产品质量，而且可以利用农作物秸秆和畜禽粪便，培育富含蛋白质等众多营养元素的食品，在传统"三物循环"利用基础上实现额外增值，增值后的菌渣等废料还能再还田作为肥料参与"三物循环"。因此，食用菌这个分解者有利于构建"农业三物"良性循环，不仅能够降低对外部资源的依赖，提高农业生产的可持续性，也能通过保持生态系统的平衡，提高农业生产的稳定性和抗逆能力。同时，"三物循环"系统可将经济、社会、环境三大效益结合，既能保障粮食、生态和能源安全，也符合循环经济的减量化、再使用和再循环原则，有利于实现农业高质量发展。因此，我国越来越重视食用菌产业，在税收政策、产业政策等方面给予了大力倾斜。

我国食用菌轻简化栽培品种多，投资少，各地可根据当地气候、生态条件及自然资源禀赋，选择优势品种，通过创新探索建立适合当地的高效栽培技术模式，不断研发轻简化栽培设备，不断完善配套栽培设施，不断优化栽培工艺，简化生产操作，提高生产效率，从而提高生产标准化水平，进一步提高生产技术水平，大幅提高产品质量和市场竞争力，形成具有地域特色的食用菌轻简化栽培品种和栽培经营模式，逐步发展成为地方特色优势产品和乡村振兴的优势产业，推动我国广大农村生态农业和高效农业的快速发展。食用菌工厂化生产将是我国食用菌朝着科技化、国际化、标准化发展的必然趋势，但投入大、能耗高，需要生物、机械、电子、数字、智能等新型科技人才。在我国上海、广州、深圳、北京等经济发达地区已成功建设了一批大型专业化食用菌生产工厂，成为我国现代农业示范样板，将引领我国食用菌快速健康发展，抢占国际市场份额，推动我国食用菌产业高质量发展。

参考文献

[1] HU RUXIAO. *Grifola frondosa* may play an anti-obesity role by affecting intestinal microbiota to increase the production of short-chain fatty acids [J]. Frontiers in Endocrinology，2023，17：1－11.

[2] 姜性坚，胡汝晓，徐宁，等. 新常态下湖南农民食用菌生产发展路径之探析 [J]. 湖南农业科学，2015 (11)：69－71，75.

[3] 王春晖，陈海强，胡汝晓，等. 香菇酶解物对小鼠免疫及肠道菌群的影响研究 [J]. 微生物学通报，2012，39 (6)：820－826.

[4] 姜性坚，胡汝晓，王春晖，等. 湖南省食用菌工厂化生产现状与发展建议 [J]. 中国食用菌，2015，34 (6)：77－82，87.

[5] 张晓茹，赵竑博，张轶婷，等. 我国食用菌发展现状、面临的挑战及未来发展方向 [J]. 园艺与种苗，2023，43 (5)：49－54，97.

[6] 曹建民，赵东云，赵安琪，等. "三物循环"理念引领下的食用菌产业促进乡村全面振兴的逻辑与路径 [J]. 菌物研究，2024，22 (2)：130－134.

[7] 顾可飞，周昌艳，李晓贝. 食用菌的营养价值及药用价值 [J]. 食品工业，2017，38 (10)：228－231.

[8] 贾身茂，袁瑞奇，孔维丽，等. 药用真菌之概念 [J]. 中国食用菌，2015，34 (1)：82－88.

[9] 李月梅. 食用菌的功能成分与保健功效 [J]. 食品科学，2005，26 (8)：517－521.

[10] 李玉. 后疫情时代中国食用菌产业的可持续发展 [J]. 菌物研究，2021，19 (1)：1－5.

[11] 刘奇. 农业的新使命：三物思维（上） [J]. 中国发展观察，2016 (24)：43－45，42.

[12] 中国食用菌协会. 2022 年度全国食用菌统计调查结果分析 [J]. 中国食用菌，2024，43 (1)：118－126.

[13] 张金霞，蔡为明，黄晨阳. 中国食用菌栽培学 [M]. 北京：中国农业出版社，2021.

第二章　食用菌生产场地

一、食用菌生产场地分类

根据自然气候及环境对食用菌生产影响程度的不同，将食用菌生产分为三种，并对应三类食用菌生产场地。第一种为大田栽培，即将食用菌直接栽培于大田，并在大田上搭建简单的遮阴（遮雨）棚，或直接露天栽培，如竹荪、大球盖菇（大田栽培模式）、黑木耳（露天栽培模式）等，自然气候及环境对大田栽培食用菌生产有决定性影响，大田栽培对应的生产场地被称作食用菌大田栽培场地；第二种为轻简化栽培，即将食用菌栽培于一个相对固定的场地，在栽培过程中采用机械化程度不同的生产设备设施，对气候及环境有不同程度的控制，但对自然气候及环境仍存在依赖，此类栽培对应的生产场地被称作食用菌轻简化栽培场地；第三种为工厂化生产，即将食用菌生产于类似工厂的场地，生产过程中采用了高度机械化和自动化的生产设备设施，在生产过程中对气候及环境有绝对的控制，生产完全不受自然气候及坏境条件的影响，从而可以实现周年生产，此类生产对应的生产场地被称作食用菌工厂化生产场地。

二、食用菌生产场地要求

1. 食用菌大田栽培场地要求

食用菌大田栽培充分利用了自然条件，是最接近食用菌原生状态的栽培模式，大田栽培食用菌也是深受大众欢迎的绿色生态产品，我国已经形成了以竹荪（图2-1）、大球盖菇、羊肚菌、黑木耳（图2-2）等品种为代表的成熟的大田栽培模式，对一些品种来说，大田栽培模式是最适宜也是最高效的栽培模式。

自然气候及环境条件对大田栽培食用菌生产有决定性影响，在注重良好作业的情况下，大田栽培食用菌类似于常规的农业生产，对生态环境没有任何不良影响，且对农田土壤有较好的改良作用。食用菌大田栽培的场地要求为：生产场地清洁卫生、地势平坦、排灌方便，水质水量满足栽培需要；生态环境良好，周边 5 km 内无化学污染源，1 km 内无工业废弃物，500 m 内无禽畜舍，100 m 内无集市、水泥厂、石灰厂、木材加工厂等扬尘源，50 m 内无垃圾场和死水池等危害食用菌的病虫害滋生地；距离公路主干线 200 m 以上；空气清新。

需要特别注意的是，食用菌大田栽培往往需要轮作或间作，栽培一茬后会转场栽培，其栽培场地一般是农田，因此在搭建遮阴棚等出菇设施时，要方便后续的拆迁转场。在一茬生产完后，生产者应尽快组织人工拆棚、挖桩，清除铁丝等影响耕种的废弃物，确保农田能顺利复耕。大田栽培食用菌可与水稻、大豆、蔬菜、水果等作物进行轮作套种，形成"食用菌—水稻"、"食用菌—蔬菜"或"食用菌—水果"等生态农业高效种植模式。

另外，在生产中，食用菌大田栽培往往会与其菌种生产分开，根据不同食用菌品种的菌种生产规模与自动化水平选择不同生产场地，菌种生产场地要求与食用菌轻简化栽培场地或食用菌工厂化生产场地类似，可参照执行。图 2-1、图 2-2 分别为竹荪大田栽培场地、黑木耳露天栽培场地。

图 2-1　竹荪大田栽培场地　　　　图 2-2　黑木耳露天栽培场地

2. 食用菌轻简化栽培场地要求

我国地域辽阔，全国各地食用菌生产者根据当地气候创建了符合当地环境条件的食用菌高效轻简化栽培模式。使用轻便实用的栽培机械和建造经济实用的育菇大棚，栽培出优质食用菌产品，通过不断优化工艺、简化栽培流程，有效地提高了生产效率及产品质量。目前我国各地都在不断创立新的平菇（图 2-3）、香菇、灵芝（图 2-4）、草菇、虫草花等多种食用菌品种的高效优质轻简化栽培模式，食用菌轻简化栽培已成为帮助我国广大农民创收致富的优势项目。

图2-3　平菇轻简化栽培场地　　　图2-4　灵芝轻简化栽培场地

在食用菌轻简化栽培过程中，采用了机械化程度不同的生产设备设施，因此会产生噪声、扬尘、异味等，对周边环境造成不良影响，选址时要加以考虑。食用菌轻简化栽培场地要求具体为：生产场地应清洁卫生、地势平坦、交通便利，电力供应、水质水量达到栽培要求；生态环境良好，周边5 km内无化学污染源，1 km内无工业废弃物，500 m内无禽畜舍，100 m内无集市、水泥厂、石灰厂、木材加工厂等扬尘源，50 m内无垃圾场和死水池等危害食用菌的病虫害滋生地；远离医院，避开学校和公共场所；空气清新。

此外，由于食用菌轻简化栽培常年在一个相对固定的栽培场地，生产者要特别注意对栽培环境卫生的维护。食用菌轻简化栽培场地在运行管理时还应达到以下要求：栽培环境控制系统、水电等设施应和生产规模相匹配，并符合相关质量安全标准；锅炉、灭菌锅等压力容器，应经相关部门检验合格后使用，并定期检查、维护和校验，使用人员应经过专业培训，并取得特种设备作业上岗证书；各类温室、拱棚、大棚等园艺设施经改造后均可用作菇房（菇棚）。在夏季搭建菇棚，除设施主体结构外，还应配备调节温度和光线的棚膜、草帘、草苫、保温被、遮阳网等附加设施。菇房（棚）入口处可采用黑色塑料薄膜或遮阳网搭建长3～4 m的遮阴缓冲区。通风处或门窗根据进出风不同可安装孔径为0.21～0.25 cm的防虫网或单向通风阀门或格栅。菇房要求通风良好、可密闭。菇房（棚）内或附近应有生产用水源；菇房使用前应进行清洁整理，清除杂物、杂草等，做好排水沟，及时排除污水。菇房设施内要平整土地，以利排灌。清洁整理后应选择符合食用菌安全生产要求的杀虫剂进行灭虫消毒处理。新菇房宜在地面用一薄层石灰粉或浓石灰水消毒，老菇房应用符合食用菌安全生产要求的消毒剂进行消毒处理。灭虫消毒处理后，应及时进行通风排毒，防止残余物对作业人员和食用菌产生毒害。栽培结束后，应及时清除菇房内菌渣及其他垃圾并运离栽培场所，集中进行无害化处理。对菇房进行清洁并灭虫和消毒，灭菌消毒后通风干燥，可利用空闲季节对各类菇棚设施进行掀膜晒地，该处理可有效降低栽培场地病虫害感染概率。

3. 食用菌工厂化生产场地要求

食用菌工厂化生产是根据不同种类食用菌对温度、湿度、光照、氧气等环境因子的要求，建立数字化、智能化管控模式，采用控制温度、湿度、光照、氧气等专业设备，实现全天候周年标准化生产。我国食用菌工厂化生产起步较晚，约在20世纪末、21世纪初期，引进日本、韩国等国家的工厂化生产设备，在上海、广州、深圳等地试产。20多年来，我国食用菌工厂化生产进入较快发展时期，目前金针菇（图2-5）、杏鲍菇（图2-6）、双孢蘑菇、真姬菇等品种已成为工厂化栽培的主导品种。

图 2-5　工厂化生产金针菇场地　　图 2-6　大型工厂化生产杏鲍菇场地

食用菌工厂化生产是将食用菌在一个类似于工厂的场地进行生产，其选址要求与食用菌轻简化栽培场地要求类似，但在场地面积与土地使用类别、电力、交通等方面要求更高。

此外，还要特别注重对生产场地功能区的空间布局和环境卫生的维护，食用菌工厂化生产场地在运行管理时应达到以下要求：应根据场地特点和生产要求合理布局，生产区与原料区、成品库、生活区应严格分开。要根据不同食用菌生产的特点，合理安排培养料制备、制包、灭菌、冷却、接种、养菌、出菇等各阶段所需设施和空间，满足不同生长阶段对环境条件的要求，做到人流与物流分离，有菌区与无菌区物理隔离。生产环境控制系统、水电等设施应和生产规模相匹配，并符合相关质量安全标准。锅炉、灭菌锅等压力容器，应经相关部门检验合格后使用，并定期检查、维护和校验，使用人员应经过专业培训，并取得特种设备作业上岗证书；生产过程中，应及时处理菇房内的菌渣及其他垃圾，并运至固定场所，集中进行无害化处理。同时，各个生产环节在每轮生产后，都要对生产场地及设备设施进行彻底消毒杀菌，制包、灭菌、接种等重点区域要每周或每天进行消毒杀菌，要通过沉降菌检测等手段对生产场地的环境卫生进行实时监测。

参考文献

[1] 中华人民共和国农业部种植业管理司. 食用菌生产技术规范：NY/T 2375—2013 [S]. 北京：中华人民共和国农业部种植业管理司，2013.
[2] 中华人民共和国农业部. 食用菌菌种良好作业规范：NY/T 1731— 2009 [S]. 北京：中华人民共和国农业部，2009.

第三章　食用菌生产及加工常用设备设施

食用菌生产是一种极具现代工业特色的生产活动，现代仪器及机械设备设施是食用菌栽培活动必不可少的，可降低劳动强度，提高劳动效率。熟悉并结合自身情况利用好食用菌常用栽培设备设施，是食用菌栽培技术的重要内容。随着科技的发展，食用菌栽培设备设施日新月异，加之每种设备均有多种规格型号，在此只能选择性列出一些常见适用的设备设施。

第一节　菌种生产常用设备设施

菌种生产常用设备设施见图 3-1 至图 3-16，主要包括：电子天平、纯水仪、菜刀、砧板、电磁炉、不锈钢锅、分装器、全自动杀菌净手器、拌料机（小型）、装袋机（小型）、立式高压灭菌器、矩形高压灭菌器（小型）、超净工作台、常用接种工具（镊子、接种铲、接种针、接种耙、手术刀、手术剪等）、菌种培养箱、菌种冷藏柜、显微镜等，以及空调、排气扇等常规设备。

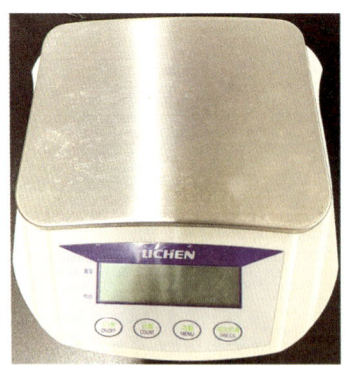
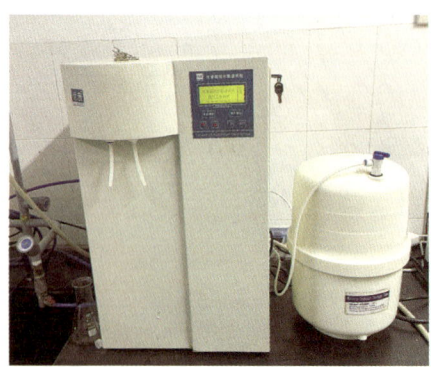

图 3-1　电子天平　　　　　　图 3-2　纯水仪

图 3-3 母种生产用仪器

注：从左至右依次为分装器、电磁炉及不锈钢锅。

图 3-4 超声波清洗机

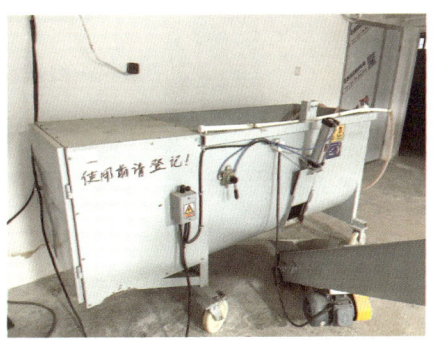

图 3-5 全自动杀菌净手器

图 3-6 拌料机（小型）

图 3-7 装袋机（小型）

图 3-8 立式高压灭菌器

图 3 - 9　矩形高压灭菌器（小型）　　　　图 3 - 10　接种室（设施）

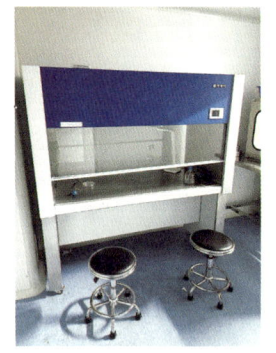

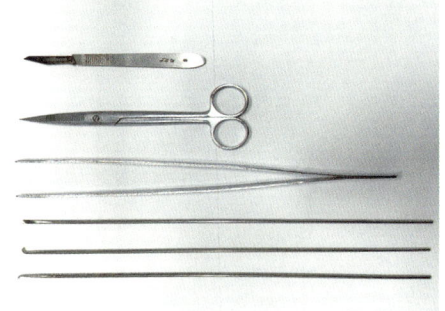

图 3 - 11　超净工作台　　　　　　　图 3 - 12　常用接种工具

注：从上至下依次为手术刀、手术剪、锯子、接种铲、接种耙、接种针。

图 3 - 13　菌种培养箱　　　　图 3 - 14　菌种冷藏柜

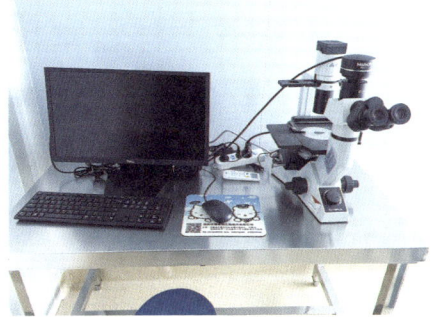

图 3‑15 超低温冰箱   图 3‑16 显微镜

第二节 原料生产常用设备设施

原料生产常用设备设施见图 3‑17 至图 3‑20，主要包括：菇木粉碎机、秸秆粉碎机及辅料粉碎机等。

图 3‑17 菇木粉碎机（粉碎椴木）   图 3‑18 菇木粉碎机（粉碎木片）

图 3‑19 秸秆粉碎机   图 3‑20 辅料粉碎机

第三节　拌料常用设备设施

拌料常用设备设施见图 3-21 至图 3-27，主要包括：铲车、拌料机等。

图 3-21　简易槽式拌料机（小型）

图 3-22　自走式拌料机
（拌料实况）

图 3-23　小型槽式拌料机
（含原料筛及装袋机）

图 3-24　铲车

图 3-25　翻斗式拌料机及翻斗（大型）

图 3-26　大型拌料机组

图 3 - 27　主料预湿场地

第四节　打包常用设备设施

打包常用设备设施见图 3 - 28 至图 3 - 32，主要是各类装袋机、打包机等。

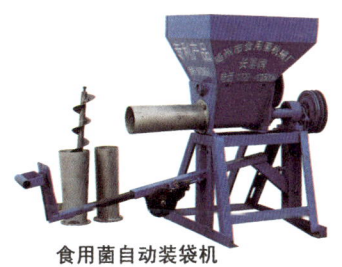

食用菌自动装袋机

图 3 - 28　简易装袋机　　　图 3 - 29　小型自动装袋机

图 3 - 30　小型装袋机　　　图 3 - 31　冲压式装袋机

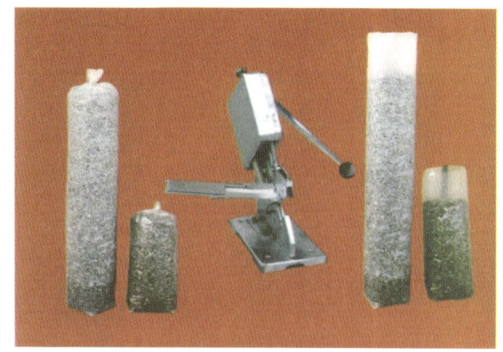

图 3 - 32　简易封口机

第五节　常用灭菌设备设施

常用灭菌设备设施见图 3 - 33 至图 3 - 51，主要是各类灭菌灶。

图 3 - 33　极简易灭菌设备设施

图 3 - 34　简易油桶蒸汽发生器（一）

图 3 - 35　灭菌堆（一）
注：与简易油桶蒸汽发生器（一）配套。

图 3 - 36　简易油桶蒸汽发生器（二）

图 3 - 37　灭菌堆（二）　　　　　　　图 3 - 38　土蒸灶

注：与简易油桶蒸汽发生器（二）配套。

图 3 - 39　灭菌架（与土蒸灶配套使用）　　图 3 - 40　土蒸灶烧火口

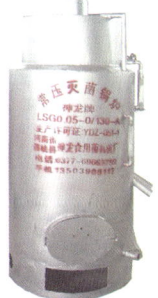

图 3 - 41　简易灭菌设备设施　　　　　图 3 - 42　常压灭菌锅炉

图3‑43　蒸汽杀菌锅

图3‑44　简易灭菌设备设施（常压）

图3‑45　灭菌堆内观
（与简易灭菌设备设施配套）

图3‑46　免锅炉节能环保一体化灭菌锅

图3‑47　大型蒸汽锅炉
（与高压灭菌器配套）

图3‑48　高压矩形灭菌柜

图 3 - 49 灭菌架（一）

（高压矩形灭菌柜中配套使用）

图 3 - 50 BMQ - 49 食用菌灭菌器

图 3 - 51 灭菌架（二）（在 BMQ - 49 灭菌器中配套使用）

第六节 常用接种设备设施

常用接种设备设施见图 3 - 52 至图 3 - 57，主要是各类接种台、接种帐、接种棚及净化无菌接种线等。

图 3 - 52 简易接种箱（一）

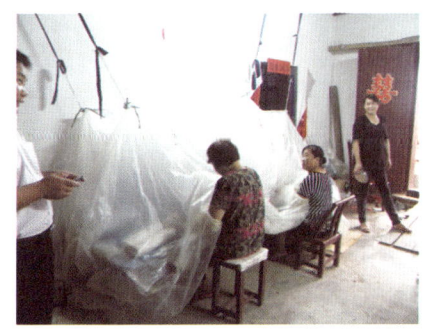

图 3 - 53 简易接种箱（二）

图 3‑54　简易接种帐

图 3‑55　接种箱

图 3‑56　净化接种线（内观）

图 3‑57　液体菌种接种机（瓶栽）

第七节　培菌出菇常用设备设施

培菌出菇常用设备设施见图 3‑58 至图 3‑71，主要包括：培菌棚（房），出菇棚（房），相应的控温、控光、控湿、控气设备设施，废菌袋脱袋粉碎机等。

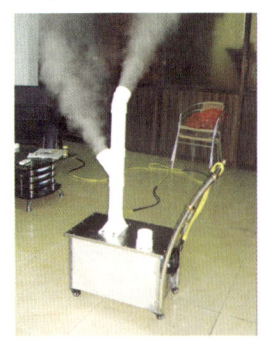

图 3‑58　移动式菇棚加湿器

图 3‑59　固定式菇棚加湿器

图 3-60　菇棚增湿降温水帘

图 3-61　培菌出菇房
制冷设备外机（风冷）

图 3-62　培菌出菇房制冷设备外机（水冷）

图 3-63　培菌出菇房制冷设备内机

图 3-64　平菇培菌大棚

图 3-65　平菇出菇大棚

图 3‑66　简易竹荪出菇大棚

图 3‑67　黑皮鸡枞设施出菇房

图 3‑68　羊肚菌设施大棚

图 3‑69　杏鲍菇工厂化栽培出菇房

图 3‑70　杏鲍菇工厂化栽培出菇架

图 3‑71　废菌袋脱袋粉碎机

第八节　采收后初加工常用设备设施

采收后初加工主要指在栽培基地采收后需立即进行的打冷、削除菇脚、分级包装、烘干等加工环节，采收后初加工常用设备设施见图3-72至图3-77，主要包括：冷库、封装机、打包机、烘干机、晾晒架等。

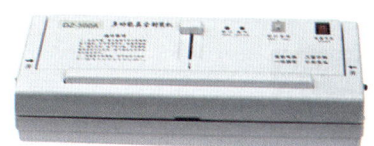

图3-72　真空封装机

图3-73　杏鲍菇削菇车间

图3-74　杏鲍菇分级包装车间

图3-75　茯苓晾晒架及筛

图 3‑76　简易菇品烘干箱（内观、外观）

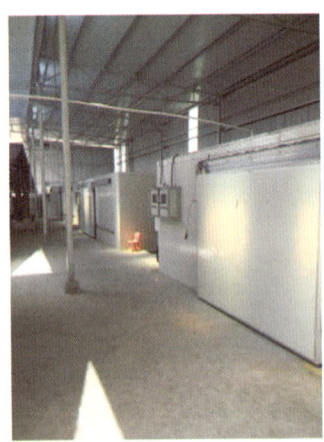

图 3‑77　电热式菇品烘干箱

第四章 食用菌菌种生产技术

一、菌种生产相关概念

1. 品种

经各种育种方法选育出来的具有特异性、一致性和稳定性，可用于商业栽培的食用菌纯培养物。

2. 菌株

菌株是种内或变种内在遗传特性上有区别的培养物。也就是说，具有某些特性的生物学个体，常用来作引种和育种材料，它有别于品种，有利于标明其来源。

3. 种性

种性指食用菌的品种特性，一般包括生理特性、农艺性状和商品性状。菌种退化往往指种性的退化。常采用菌丝体和子实体两个不同发育时期的生物学特性来描述种性，主要包括菌丝体和子实体的形态特性、培养基的营养条件，以及其生长发育过程中所需的温度、湿度、光照强度和酸碱度等外界环境条件。

4. 菌种

菌种是生长在适宜基质上具结实性（或结核性）的菌丝培养物，包括一级菌种、二级菌种和三级菌种。通常在生产上使用的菌种从生物学意义上来说不是食用菌的种子（孢子），而是营养体（菌丝体），也可以理解为用菌丝体的纯培养物作为繁殖材料，一般只有育种时才可能使用孢子作种子，因此，也有人将菌种称为菌苗。

5. 菌种质量

菌种质量指食用菌菌种的优劣，影响菌种质量的因素包括食用菌种性的优劣，菌种配方优劣，感染杂菌和带虫带病情况，以及菌龄老嫩情况等。菌种质量标准指的是菌丝体及其在培养基上的生长势或其表征，通常从两个方面来描述。一方面是品种纯度，品种纯度高是指具有本品种菌丝体生长发育特性，菌丝体生长整齐一致，在培养基表面菌落清晰，前端菌丝整齐，后期菌丝成熟度一致，且菌丝体培养后产生的衍生物，如分生孢子、菌核及其分泌的液体、色素等清晰一致可鉴别。另一方面是良繁质量，良繁质量指从一级菌种、二级菌种到三级菌种的菌丝体生长速度、粗细度、整齐度、颜色和色泽度，以及后期菌丝体成熟期的本品种特征表现。菌种易受外源的霉菌、酵母菌、细菌等微生物感染，因此通常通过色味来辨别，要求具有本品种特殊的香味，不能有酸味、臭味，以及其他异味等。由于菌种是菌丝体的活体，随着培养时间延长会逐步失去活力，因此，要求明确标注菌种菌龄的长短。

6. 菌种级别与类别

菌种级别反映菌种扩繁层级，存在明确的先后次序，生产上一般采用三级菌种模式。菌种类别反映了菌种种类。

生产上有时用菌种的形态或其培养料种类简称某类菌种，如液体菌种、固体菌种，木屑种、草料种、麦粒种、粪草种、木塞种等。需要注意的是，菌种类别与菌种级别是两个不同概念，两者之间多有交叉，如木屑种既可能是二级菌种，也可能是三级菌种，同样的二级菌种中既有木屑菌种，也有麦粒菌种。

7. 一级菌种

一级菌种也称母种、试管种，是经各种育种方法选育得到的具有结实性的菌丝体纯培养物及其继代培养物。

8. 二级菌种

二级菌种也称原种，是由一级菌种移植，经扩大培养而成的菌丝体纯培养物。

9. 三级菌种

三级菌种也称栽培种，是由二级菌种移植，经扩大培养而成的菌丝体纯培养物。

10. 固体菌种

菌种形态为固体的菌种称为固体菌种，固体菌种一般采用固体培养基生产。

11. 液体菌种

形态为液体的菌种被称为液体菌种。液体菌种一般采用液体培养基生产。有些菌种在生产时为固体，但在使用时会被制成液体，这类菌种仍属于液体菌种，如还原型液体菌种。液体菌种具有生产周期短（一般为5～7

天）、菌龄一致、菌种萌发整齐一致、生产成本低等特点。液体菌种接种后菌丝生长活力强，生长速度快，栽培袋（瓶）培菌期短（约为固体菌种的50％）。但液体菌种易衰老失活，后期菌球易产生自溶现象，不耐贮藏和运输，必须及时使用。同时，液体菌种对接种环境及操作要求严格，易受空气中杂菌污染，导致整体变质。

12. 菌种培养料

用于培养菌种的基料称为菌种培养料。有时用培养料的主要原料称呼某种培养料，如木屑培养料、草料培养料、麦粒培养料、粪草培养料、木塞培养料等。

13. 菌种保藏

菌种保藏是使菌种免受其他微生物污染，保持菌种固有的遗传、生理、形态及其他利用价值的微生物学技术。菌种保藏通常需要低温、避光条件，大多数菌种的保藏适宜温度为 1～4℃，个别高温型品种的菌种保藏温度不能过低，不然易失去活性，例如草菇菌种需在 10℃ 以上保藏，灵芝、猴头菇、黑木耳需在 4℃ 以上保藏。另外，光照对菌种保藏不利，会加速菌种衰老，使菌种变色，影响菌种的生理活动。在 1～4℃ 温度下菌种保藏时间通常为 3 个月，每隔 3 个月将菌种移植到新的培养基上的方法通常称为继代保藏法。超过 3 个月菌种会逐渐失去活性。保藏菌种时常用橡胶塞或在棉塞上包一层牛皮纸或用石蜡封口，尽量减少外界空气交换，降低试管内氧气含量，从而减缓菌丝生长速度，延长菌种保藏期。需要注意的是，将菌种从保藏室取出后，首先需要活化，一般将菌种放在菌丝生长适宜温度下让其恢复活性（活力），再经过扩繁，观察其菌丝生长情况，挑选优势菌落或斜面菌种进行复壮。

14. 菌种贮藏

菌种贮藏是将菌种放置在洁净、低温、通风、避光的条件下，使其免受其他微生物污染，并保持活力和使用价值的过程。

15. 菌种复壮

菌种经过较长时间的存放或引种运输或菌丝经过较长时期的生长，部分会失去活力。将菌种移植于合适的培养基，在合适的条件下培养，经过2～3 次菌种恢复培养，再挑选优势菌落或斜面继续培养的过程称为菌种复壮。菌种复壮通常指一级菌种经过斜面或平板培养复壮的过程。

二、菌种生产模式

目前我国食用菌生产大多采用固体菌种，沿用传统的三级菌种模式，即一级菌种（母种、试管种）、二级菌种（原种）及三级菌种（栽培种）。也有一定规模食用菌生产采用液体菌种，与固体菌种相比，液体菌种只有比较清晰的一级菌种和三级菌种。其中一级菌种多为固体菌种（试管种），三级菌种（栽培种）为液体菌种（也很清晰）。二级菌种则可能是固体菌种或液体菌种，也可能没有二级菌种，直接用一级菌种接三级菌种，层级比较模糊。液体菌种的级数还存在一些特殊情况，如还原型液体菌种是一种新型菌种，不能用三级菌种模式进行概括。

三、菌种生产流程

1. 食用菌菌种生产工艺流程

食用菌固体菌种，一、二、三级菌种均按以下工艺流程生产：培养基配制→分装→灭菌→冷却→接种→培养（定期检查）→成品。

食用菌液体菌种生产工艺流程为：培养基配制→上罐→灭菌→冷却→接种→培养（定期检查）→成品。

2. 一级菌种培养基加富

一级菌种通常由保藏的菌种移接，或者由组织分离物移接，其种块生命力往往较弱。普通的一级菌种马铃薯葡萄糖琼脂培养基（PDA培养基）营养相对简单且匮乏，只能满足常规品种的营养需求，在很多时候我们需要对一级菌种PDA培养基进行加富。一级菌种PDA培养基加富不是简单地增加培养基营养丰度，而是基于培养目的对培养基进行营养改进，具体有以下几个方面：一是让菌丝生长更旺盛的特别营养加富，如用粪草煮汁加富双孢蘑菇一级菌种培养基，直接用PDA培养基培养的双孢蘑菇一级菌种菌丝较弱，移接二级菌种时定植较慢，所以需要加富。二是让更多菌类能够生长的营养加富，如在进行野生菌株分离时，可以用酵母浸膏加富一级菌种培养基以提高分离到野生菌株的概率。三是增强一级菌种抗逆能力的营养加富，如在制作灰树花保藏用一级菌种时，用栗木屑煮汁加富一级菌种培养基，在同等条件下可以延长菌种的保藏时间。但需要特别注意，一级菌种培养基营养并非越丰富越好，如在制作杏鲍菇一级菌种时，用蛋白胨加富一级菌种培养基，就可能导致气生菌丝过旺，不便于后继的移植操作，也会减慢菌种在二级菌种培养基上定植。此外，同等条件下加富后的一级菌种贮藏期可能会缩短。

3. 二、三级菌种分装容器

二、三级菌种分装容器就形状来说有菌种瓶和菌种袋，就材质来说有玻璃和塑料。过去，菌种，尤其是二级菌种多采用玻璃菌种（瓶）盛装，少数品种的三级菌种也用玻璃瓶盛装。玻璃瓶透明度好，便于检杂（检验杂质），若有破损也易于发现，在提高菌种质量方面存在一定优势，但玻璃瓶笨重易碎，不利于运输和使用。随着制塑水平的提高，塑料菌种袋（瓶）越来越适用，塑料材质的菌种瓶（袋）有取代玻璃菌种瓶的趋势，尤其是聚丙烯菌种袋透明、耐高温、轻便、韧性好、利于运输，已被广泛用于二、三级菌种。塑料菌种瓶形态固定、韧性好，在机械接种时具有优势，也在一些工厂化栽培品种上得到广泛应用。

4. 食用菌菌种灭菌

（1）固体菌种灭菌

食用菌固体菌种灭菌可采用高压灭菌和常压灭菌。一级菌种灭菌时培养基呈液态且体积较小，通常采用高压灭菌，手提式灭菌器或立式灭菌器能满足一级菌种灭菌。二、三级菌种采用高压灭菌或常压灭菌均可，一般菌种场对二、三级菌种采用立式灭菌器或矩形卧式灭菌器灭菌，而在一些生产基地则采用常压灭菌器，无论是高压灭菌还是常压灭菌，都能达到二、三级菌种生产所需的灭菌效果，可结合生产实际灵活选择。

（2）液体菌种灭菌

食用菌液体菌种灭菌都采用高压灭菌，根据灭菌工艺可分为在位灭菌和离位灭菌。在位灭菌是不移动发酵罐的位置进行灭菌，发酵罐同时承担灭菌器的作用，具有升温和保压的效果。离位灭菌是将液体培养基连同发酵罐（或一部分）放入高压灭菌器内进行灭菌，离位灭菌需要有与发酵罐配套的高压灭菌器。

5. 食用菌菌种接种

（1）接种层级

为了确保菌种种性稳定，建议母种仅用于移植扩繁原种，原种仅用于移植扩繁栽培种，栽培种仅用于移植栽培袋。应尽量减少同级菌种移植同级菌种，杜绝下级菌种移植上级菌种。

（2）接种率

接种率是指一支（瓶或袋）菌种移植下一级菌种或菌包的数量比例。为了确保菌种移植成功率，单次的接种量不宜过小，推荐接种率为：一支一级菌种移植扩繁二级菌种不应超过 6 瓶（袋）；一瓶麦（谷）粒二级菌种移植扩繁三级菌种不应超过 50 瓶（袋），木屑种、草料二级菌种移植扩繁三级菌种不应超过 35 瓶（袋）。在生产中，有的生产者为提高三级菌种接种率，不断增加单袋（瓶）三级菌种的体积，这样做往往会导致菌种袋（瓶）上下部菌龄相差较大，导致培菌和出菇不整齐，这一点应该引起从业者的注意。

6. 定期检查

食用菌菌种质量可通过生产环节保障，但质量保障是通过定期检查来实现的。食用菌菌种质量要通过科学的生产工艺和良好的作业规范保障，菌种生产工艺和作业要求一定要严于食用菌生产，因为劣质菌种造成的损失会通过生产而放大。很多菌种质量问题可以通过在生产过程中定期检查被提早发现，避免在菌种长满后问题被掩盖。建议在接种后 2～3 天对母种进行第一次检查，在菌丝长至斜面一半时进行第二次检查，在菌丝基本长满斜面时进行第三次检查。建议在接种后 3～5 天对二、三级菌种进行第一次检查，在菌丝长至菌种袋（瓶）一半时进行第二次检查，在菌丝基本长满菌种袋（瓶）时进行第三次检查。

7. 菌种的检查与贮存

（1）菌种检查

菌种生产好后，应由专人按以下步骤进行抽样检查。

编号：将母种按品种、培养条件、接种时间分批编号，原种、栽培种按菌种来源、制种方法和接种时间分批编号。按批随机抽取被检样品。

抽样：母种、原种、栽培种的抽样量分别为该批菌种量的 5%、2%、1%。但每批抽样数量不应少于 10 支（瓶、袋）。

检查：应根据不同食用菌品种菌种的性状检查其合格率，若合格率出现异常，应查找异常原因并决定是否使用该菌种。

（2）菌种贮存

菌种长好后，应及时使用。在必须贮存时，为保证菌种质量，建议按下列要求进行贮存。

①一级菌种贮存

大多数食用菌品种的一级菌种，应在 4～6℃的冰箱中贮存，贮存期不超过 50 天。

②二、三级菌种贮存

大多数食用菌品种的二级菌种和三级菌种，应在清洁、干燥通风（空气相对湿度 50%～65%）、避光的室内贮存。在 15～20℃条件下，贮存期不超过 20 天；在 10～15℃条件下，贮存期不超过 30 天；在 1～6℃条件下，贮存期不超过 60 天。

四、不同种类菌种生产技术

（一）常规固体菌种生产技术

1. 一级菌种生产技术

（1）培养基

一级菌种采用 PDA 培养基或因品种而异的加富 PDA 培养基。PDA 培养基的配方为：去皮马铃薯 200 g（煮汁）、葡萄糖 20 g，琼脂至 20 g，调至 pH 为 7.5～8，制成 1 000 mL 培养基。

（2）制备

将马铃薯去皮后，称取 200 g，清洗干净，切成薄片放入铝锅内，加入 1 000 mL 左右的水，加热煮沸 15～20 分钟，煮至马铃薯片熟而不烂。然后用四层纱布过滤，取滤液，在滤液中加入琼脂后，加热煮沸，使琼脂完全溶解。在加热过程中，要经常搅动煮料，以防止液体溢出或煮糊，待煮成黏稠状的液体后，再加入葡萄糖，搅拌使之完全溶解，最后补足水至 1 000 mL，趁热分装入试管内，装入量为试管总容积的 1/5～1/4，塞上棉塞或硅胶塞。

（3）高压灭菌

将试管培养基分装好后，应立即将培养基放置在 $1.49×10^5$ Pa、121～123℃的高压灭菌设备中，保温灭菌 30 分钟，冷却至 70℃ 左右时取出并摆斜面，冷却至室温后，备用。

（4）接种

接种前清理超净工作台或接种箱，再用 75% 的乙醇对接种工具、种源及空白试管进行消毒，并将以上接种物品放入超净工作台或接种箱内，打开紫外灯照射灭菌 30～40 分钟。接种时，首先用 75% 乙醇对接种者的手和接种工具表面进行消毒，接着用酒精灯对接种工具进行灼烧消毒，然后在酒精灯火焰周围 10 cm 范围内进行后续接种操作。用接种工具取大小为 (3～5) mm×(3～5) mm 的菌种块接入试管斜面中部，随即封口，每次接种时间应控制在 20～30 分钟。如需再次接种则应重新进行接种前消毒灭菌操作。

（5）培养

在温度为 24～26 ℃、相对空气湿度为 60%～70%、空气清新的条件下培养接种试管至菌丝长满斜面，此时的菌即为一级菌种。接种后培养 2～3 天时应进行第一次检杂，菌丝体长至斜面 1/2 时进行第二次检杂，菌丝体长满斜面 90％左右时进行第三次检杂。在高温高湿季节或菌丝生长较慢品种的一级菌种生产时应适当增加检杂次数，一级菌种培养期间总污染率超过 5％时应找出感染杂菌的原因并决定是否弃用此批菌种。

2. 二级菌种和三级菌种生产技术

常规二级菌种（原种）和三级菌种（栽培种）采用木屑（棉籽壳）培养基，这类菌种适合初学者生产。这两级菌种生产方法类似，只是二级菌种用一级菌种作种源，三级菌种用二级菌种作种源，进行三级菌种生产只是为了扩大菌种数量，二级菌种也可以作为三级菌种使用，其生产方法如下。

（1）二级菌种和三级菌种培养基参考配方

①杂木屑 36％、棉籽壳 36％、麦麸 25％、蔗糖 1％、石膏粉 1％、石灰 1％，含水量 60％，拌料时 pH 值为 7.5～8；②杂木屑 72％、麦麸 25％、蔗糖 1％、石膏粉 1％、石灰 1％，含水量 60％，拌料时 pH 值为 7.5～8。

（2）生产方法

①拌料

棉籽壳、杂木屑在拌料的前 1～3 天进行预湿。拌料时按照用量从小到大的原则，先将蔗糖、石膏粉与麦麸混合拌匀，然后跟杂木屑、棉籽壳等主料混合，加入适量的水，充分拌匀，调节水分及 pH 值。

②装瓶（袋）

菌种应用菌种瓶或用宽 12～17 cm、长 26～35 cm、厚 0.005～0.008 cm 的菌种袋盛装。对采用高压灭菌的菌种应使用聚丙烯塑料菌种瓶（袋），对采用常压灭菌的菌种可使用聚乙烯塑料菌种瓶（袋）。装瓶时，将培养料装入菌种瓶（750 mL）中，装至瓶容积的 4/5 处，上紧下松，料面压平压实，用清水洗净瓶身和瓶口，擦干瓶口后，用棉塞封口并包扎牛皮纸，或使用其他能满足正常发菌要求的材料封口。装袋时，将培养料装入菌种袋中，装至袋容积的 2/3～3/4 处，上下均匀，料面压平压实，清洁干净袋身和袋口培养料，套好套环并盖上盖子，或使用其他能满足正常发菌要求的材料封口。

③灭菌

二级菌种通常采用高压灭菌，三级菌种可采用高压灭菌或常压灭菌。高压灭菌的条件为 1.49×10^5 Pa、123～125℃保温，灭菌 1.5～2 小时，待菌种冷却至室温后，备用。常压灭菌的条件为常压，当温度达到 98～100℃后，保温灭菌 12～15 小时，灭菌结束后，经自然冷却到 70℃左右出锅，菌种袋内料温冷却至 25℃以下时备用。

④接种

二级菌种接种：在无菌室超净工作台上或接种箱内，用消毒的接种勺取大小为 12 mm×15 mm 的一级菌种菌块置于原种培养基上端，随即封口。每支一级菌种可接二级菌种 5～8 瓶（袋）。

三级菌种接种：在接种室无菌条件下，将二级菌种瓶（袋）打开，除去二级菌种表面的菌膜及表面培养物，用接种铲取适量的二级菌种放在三级菌种培养基上端，封口。每瓶（袋）二级菌种可接三级菌种 35～40 瓶（袋）。

⑤培养

通常在温度为 23～25 ℃、相对空气湿度为 60%～70%、空气清新的条件下培养到菌丝长满菌种瓶（袋）即为二级菌种或三级菌种。在菌丝萌发和生长期间应经常清除被杂菌污染的菌种瓶（袋）。二、三级菌种推荐在接种后 3～5 天进行第一次检杂，在菌丝长至菌种瓶（袋）的一半时进行第二次检杂，在菌丝基本长满菌种瓶（袋）时进行第三次检杂，发现杂菌污染应及时清除。在高温高湿季节或菌丝生长较慢品种的菌种生产时应适当增加检杂次数，二级菌种培养期间总污染率超过 5%（三级菌种为 10%）时，应找出感染杂菌的原因并决定

图 4-1 平菇三级菌种培养

是否弃用此批菌种。图 4-1 为平菇三级菌种培养示例。

（二）液体菌种生产技术

液体菌种是采用微生物发酵罐生产设备进行深层发酵生产出来的菌种，目前已在平菇、杏鲍菇、金针菇和双孢蘑菇等品种的栽培中得到应用。

1. 生产设备

液体菌种生产设备主要有液体菌种发酵罐，根据灭菌方式不同，可将其分为离位灭菌发酵罐和在位灭菌发酵罐两类，型号各有不同。一般还需配备振荡培养器和空气净化消毒装置。空气净化消毒装置一般包括空气压缩机、空气净化器及空气消毒装置等。

2. 生产方法

首先将摇瓶培养菌种作为原种，然后再用液体发酵罐进行液体菌种生产。需要指明的是，液体菌种配制培养基的配方种类很多，此处仅以平菇液体菌种培养配方为例说明液体菌种生产方法。

（1）摇瓶菌种制作

液体培养基配方：玉米粉 3%、红糖 1%、豆粕（或豆浆）2%、磷酸二氢钾 0.1%、磷酸氢二钾 0.1%，pH 值为 5.5～6.5。灭菌条件：在 $1.49×10^5$ Pa、126℃条件下，保温灭菌 30 分钟，冷却至室温，在无菌条件下接入 4～6 粒黄豆大小的固体菌种。培养条件：振荡频率为 130～170 次/min，培养温度为（22±2）℃，培养时间为 5～7 天。

（2）液体菌种生产

发酵罐消毒灭菌：需对发酵罐进行空消和实消两次。灭菌条件：在 $1.40×10^5$ Pa、121℃条件下，保温灭菌 90 分钟。液体培养基配方：玉米粉 2%～3%、豆粕粉 2%～3%、红糖 1%，pH 值为 5.5～6.5。液体发酵培养条件：培养温度为（22±2）℃，通气量为 1～2 L/min，培养时间为 5～7 天。

3. 液体菌种质量检测

（1）目测

培养后期可通过观察窗目测。菌种质量好则菌液清亮，菌丝球呈圆球状，具有特殊菌香味（通过排气管嗅气味）。如果菌液混浊，有酸臭味、霉味或其他异味，可以判为杂菌污染变质，不能作为菌种使用。

（2）测定产量和菌球大小

抽取 100 mL 发酵好的液体菌种，经沉淀、分离、洗涤得到菌丝球，用显微镜观察菌球形状，用计数板检测菌球数量，将菌球称重，得出菌球产量。

4. 液体菌种使用技术

（1）使用适期

液体菌种培养期或生长周期为 5～7 天，液体菌种生长快速，周期短，易衰老，一般 7 天后菌球开始自溶，逐渐失去活性。因此，液体菌种培养好后在 5 天内要及时使用。

（2）接种环境

液体菌种易受空气中的霉菌和细菌感染，因此在液体菌种接种时，在接种环境及在操作过程中要严格消毒，通常要求接种室达到千级净化条件，即达到手术室的净化条件要求。此外，液体菌种不耐贮藏和运输，对于较大规模的菌种生产厂商、食用菌生产企业，液体菌种都是自产自用。

（3）接种方法

液体菌种一般采用接种枪接种，接种枪如同分注器，将液体菌种注入菌包内，一般每袋注 20～25 mL 液体菌种。

（4）菌包培养

接种后的菌包应放至净化等级达到万级的培养室内培养，培菌温度控制在低于其最适宜生长温度 2～4℃的温度范围内。同时，应加强通风透气管理，通过新风系统严格控制进入培菌室内空气的洁净度。总之，液体菌种萌发快，生长速度快，需氧量大，产热量大，因此要求加大通风量。菌袋摆放密度不宜过大，要留有 3～5 cm 的间隙，便于散热、透气和供氧，同时尽量使菌袋间培养小环境均匀一致。培菌中后期由于菌丝生长快速，发热量大，需加强通风散热，防止培菌温度过高，造成菌丝发黄、衰老，甚至产生自溶死亡。

5. 液体菌种生产存在的风险

（1）生产设备投资大

液体菌种生产过程对环境条件要求严格，空气净化程度要求高，生产设备标准较高，要求配套成体系、检测手段先进，菌种质量才有保障。因此，液体菌种的生产设备投资较大。

（2）技术风险大

液体菌种繁殖系数大，一旦菌种质量出现问题，使用后会导致成批次菌袋全部感染，整体失败，损失巨大。因此要严格把控液体菌种培养基和发酵罐的灭菌关、空气净化关及菌种质量的检验检测关，要确保质量过关后才能使用。

（3）培菌前期环境要求高

将液体菌种接入栽培袋后，菌种短期抗杂能力弱（固体菌种可形成物理阻隔，液体菌种则没有），此时，要严格控制培菌环境条件，不然易造成菌种再次感染，进而造成接种菌包杂菌感染。

（三）枝条菌种生产技术

枝条菌种是一种适宜袋栽模式的新型固体菌种，可较大程度提高培菌效率。枝条菌种可生产二级菌种和三级菌种，这里以杏鲍菇枝条菌种为例，介绍枝条菌种的具体生产方法。

1. 生产配方

杏鲍菇二级菌种和三级菌种培养基配方分为木条培养基配方和麦粒培养基配方。

①木条培养基配方：选择杨木木条规格为（0.4～0.8）cm×（0.4～0.8）cm×（10～18）cm，木条长度应比出菇菌包高度短 1～5 cm，木条 84%、麸皮 15%、熟石膏粉 1%；

②麦粒培养基配方：麦粒 85%、细杂木屑（粒径≤3 mm）14%、熟石膏粉 1%。

2. 培养基制作

枝条菌种培养基制作包括木条培养基制作和麦粒培养基制作。

（1）木条培养基制作

将杨木木条用 1% 石灰水浸泡预湿 120～130 小时，捞出木条，并用清水洗净不溶性石灰，沥干至无水流出。先将麸皮与熟石膏粉搅拌均匀，撒到湿木条上，混匀待用。

（2）麦粒培养基制作

将麦粒用 1% 石灰水浸泡预湿 72～80 小时，捞出麦粒，并用清水洗净不溶性石灰，沥干至无水流出；再将细杂木屑与熟石膏粉搅拌均匀，撒到湿麦粒上，搅拌均匀，待用。

3. 装袋

选用规格为折径 13～16 cm、长 27～35 cm、厚 0.004～0.007 cm 的聚丙烯菌种袋，先在袋底铺一层厚 0.5～3 cm 的麦粒培养基，再将木条培养基整理成 40～70 根的小捆，并用橡皮筋固定，竖直放到袋内的一边，接着再将麦粒培养基填充到另一边，麦粒培养基高出木条培养基 0.5～2 cm，并覆盖木条培养基，整平麦粒培养基，最后用套环及盖子封袋。

4. 灭菌

二级菌种通常采用高压灭菌，三级菌种可采用高压灭菌或常压灭菌。高压灭菌条件为：$1.49×10^5\,Pa$，123～125℃，保温灭菌 2～3 小时，冷却至室温后，备用。常压灭菌条件为：常压，当温度达到 98～100℃后，保温灭菌 12～15 小时，灭菌结束后，经自然冷却到 70℃左右出锅，菌种袋内料温冷却至 25℃以下时备用。

5. 接种

（1）二级菌种接种

在无菌室超净工作台上或接种箱内，用灭菌后的接种勺取大小为

12 mm×15 mm 的一级菌种菌块置于原种培养基上端，随即封口。每支一级菌种可接二级菌种 5～8 瓶（袋）。

（2）三级菌种接种

在接种室无菌条件下，将二级菌种瓶（袋）打开，除去二级菌种表面的菌膜及表面培养物，先用镊子从三级菌种包中间取出 1～3 根枝条，再接入 1 根二级菌种枝条，用麦粒培养基盖面，封口。一根原种枝条可接一瓶（袋）三级菌种，每瓶（袋）二级菌种通常可接三级菌种 40～70 瓶（袋）。

6. 培菌

将接好种的菌种放入培养室，温度 22～24℃，湿度 60%～70%，空气清新，无光培养 25～35 天，至菌丝长满菌种瓶（袋），即得杏鲍菇原种或栽培种，其间每隔 5～10 天检杂一次。

（四）麦粒菌种生产技术

麦粒菌种是一种适宜发酵床栽培的新型固体菌种，便于菌种打散进行撒播，麦粒菌种可生产二级菌种和三级菌种，这里以羊肚菌麦粒菌种为例，介绍麦料菌种具体生产方法。

1. 培养基配方

（1）二级菌种培养基配方（参考）

①麦粒 18%，木屑 55%，麸皮 11%，腐殖土 13%，石膏 2%，石灰 1%；

②麦粒 90%，谷壳 3%，腐殖土 5%，石膏 1%，石灰 1%。

（2）三级菌种培养基配方（参考）

①麦粒 60%，木屑 20%，玉米芯 10%，腐殖土 8%，石膏 1%，石灰 1%；

②麦粒 40%，玉米芯 40%，谷壳 10%，腐殖土 8%，石膏 1%，石灰 1%。

2. 培养基制作

按配方比例将木屑、谷壳、腐殖土等难吸水原料提前预湿，先将麦粒用 1% 的石灰水浸泡 12～24 小时，再用 1% 的石灰水煮 30 分钟左右至麦粒膨胀，用手捏开后里面没有白芯且没有裂皮，即可捞出控水。按配方比例将木屑、腐殖土及其他原料搅拌均匀，培养料基含水量为 60%～65%，pH 值为 6.5～7.5。

3. 装瓶（袋）

二级菌种通常用容量为 500 mL 或 750 mL 的菌种瓶装瓶，瓶内培养料要做到松紧一致，料面平整，打孔，瓶口用无菌透气盖封口。

三级菌种通常用折径 15～17 cm、长 28～35 cm、厚 0.005 cm 规格的聚丙烯（高压灭菌）或聚乙烯（常压灭菌）菌种袋装袋，要做到松紧一致，中间打通气孔，料面平整。

4. 灭菌

二级菌种通常用高压灭菌，三级菌种可用高压灭菌或常压灭菌。高压灭菌条件为：压力（1.2～1.5）×10^5 Pa、温度 121～126℃，灭菌 3～4 小时。常压灭菌时应在 3 小时内将灭菌器温度升至 100℃，连续保温 15～18 小时。当天拌好的料应当天装完，并进行灭菌。

5. 接种

可参照前述常规固体菌种二、三级菌种的接种方法接种。考虑到麦粒菌种较易感杂，且二级麦粒菌种较易被打散，因此三级麦粒菌种接种时宜适当加大接种量，使菌种覆盖在三级菌种培养基的表面。

6. 培养

接种后，菌种生长阶段应全程避光培养，培养室温度为 16～18℃、相对湿度为 60% 左右，空气清新，培养至菌丝长满全瓶（袋）后继续培养 3～5 天，即可用于栽培生产。推荐在麦粒菌种接种后 2～4 天进行第一次检杂，在菌丝长至菌种瓶（袋）的一半时进行第二次检杂，在菌丝基本长满菌种瓶（袋）时进行第三次检杂，发现杂菌污染应及时清除。

参考文献

[1] 中华人民共和国农业部种植业管理司. 食用菌菌种生产技术规程：NY/T 528—2010 [S]. 北京：中华人民共和国农业部种植业管理司，2010.

[2] 中华人民共和国农业部. 食用菌菌种良好作业规范：NY/T 1731—2009 [S]. 北京：中华人民共和国种植业管理司，2009.

[3] 中华人民共和国农业部种植业管理司. 食用菌菌种通用技术要求：NY/T 1742—2009 [S]. 北京：中华人民共和国农业部种植业管理司，2009.

[4] 中华人民共和国农业部. 食用菌术语：GB/T 12728—2006 [S]. 北京：中国标准出版社，2006.

第五章　食用菌栽培技术

第一节　平　菇

平菇（*Pleurotus* spp.）属真菌界、担子菌门、伞菌目、侧耳科、侧耳属真菌，有糙皮侧耳（*P. ostreatus*）、黄白侧耳（*P. conucopiae*）、肺形侧耳（*P. pulmonarius*）、桃红侧耳（*P. djamor*）、美味侧耳（*P. sapidus*）、佛罗里达侧耳（*P. florida*）等。平菇易于栽培且栽培成本较低，能在较短的栽培时间、较宽的温度范围和不同的木质纤维素基质条件下实现高产，这使其成为全国栽培最广泛的食用菌品种之一。平菇含有丰富的蛋白质、氨基酸、膳食纤维、B族维生素和多种矿物质，还含有多糖、皂苷、生物碱和黄酮类化合物，具有较高的营养价值、药用价值和较好的医疗保健作用。

平菇作为一种广受欢迎的"家常美味"，其普及程度高，消费群体大，市场销售渠道广阔。同时，平菇种植者和研究者数量众多，其栽培技术相对成熟，栽培品种繁多，栽培范围广泛，栽培成本低，生长速度快，适应性强，产量高，在我国绝大部分地区均有生产。此外，平菇栽培工艺涵盖了食用菌袋栽品种的通用工艺，通过平菇栽培很容易过渡到其他食用菌的栽培。因此，平菇可作为想要从事食用菌生产的企业和个人选择的入门品种，在掌握平菇技术的基础上，再逐步掌握其他品种栽培技术。

一、生物学特性

（一）形态特征

平菇种类繁多，其菌丝体普遍为白色且生长浓密，但子实体形态存在差异较为明显的三类，即一般平菇、姬菇和秀珍菇，它们的子实体和孢子形态特征如下。

一般平菇（图 5-1），主要包括糙皮侧耳和佛罗里达侧耳等。糙皮侧耳的原基呈灰色、蓝色或黑色，子实体呈覆瓦状丛生。菌盖颜色为白色至灰白色、青灰色、灰褐色，初期为扁半球形，随后发展成勺形、扇形、贝壳形或圆形中凹，如浅碟状。下凹部分有时有白色的绒毛。菌肉肥厚，呈白色。菌褶为白色，稍密至稍稀，延生。菌柄内实，白色。孢子印为白色，久置后可带淡紫色。佛罗里达侧耳的子实体形态与糙皮侧耳较为接近，其子实体呈覆瓦状

图 5-1　一般平菇

丛生，中等大小。菌盖初期为半球形，伸展后为扇形、圆形或基部下凹的浅漏斗形，颜色为白色或黄白色，边缘不整齐。菌肉稍薄，为白色。菌褶为白色或淡黄白色，稍密集至稍稀疏，延生。菌柄偏生，较长，内实，为白色，基部有白色绒毛。孢子印为白色。

姬菇（图 5-2），主要包括黄白侧耳和美味侧耳等。黄白侧耳的原基呈深黑色至蓝色，数量多，但能正常发育成熟的并不多。子实体簇生。菌盖呈漏斗状，表面不黏，幼时呈深灰色或灰黑色，成熟时呈灰白色至淡灰色，边缘呈淡蓝色，光滑，易碎，在凹窝处有细绒毛，与其他侧耳不同的是，有些黄白侧耳菌盖朝上生长。菌肉和菌褶均为白色。菌柄较长，呈白色，中实，基部表面覆有白色绒毛。担孢子少，不易形成明显的孢子印。美味侧耳的子实体近覆瓦状丛生。菌盖呈扁半球形，伸展后呈扇形，其基部稍下凹至浅漏斗形，幼时呈浅灰色，后渐呈灰白色或浅褐色，边缘颜色稍深。菌肉为白色，稍厚。菌褶宽，稍密集，延生。菌柄短，偏生或侧生，内实，表面光滑，基部往往相连。孢子印为白色。

图 5-2　姬菇

图 5-3　秀珍菇

秀珍菇（图5-3），主要为肺形侧耳。肺形侧耳的子实体为单生或丛生。菌盖较大，呈扇形或近圆形，平展至中凹，褐色，其凹处色渐淡且覆有浓密的白色绒毛，边缘薄，初内卷，后反卷。菌肉厚度中等，呈白色。菌褶为白色，长短不一。菌柄为白色，较短，大多数侧生。孢子印为白色。

（二）生活习性

1. 营养

平菇所需的营养成分有碳源、氮源、矿质元素和维生素，其中碳源被称为主料，氮源、矿质元素和维生素又被称为辅料。平菇是一种木腐菌，其分解木质素、纤维素的能力强，可利用的碳源种类多，人工栽培时可以采用杂木屑、棉籽壳、稻草、玉米芯、甘蔗渣、莲籽壳、麦秸等作主料，适当添加麦麸、米糠、石膏、磷肥等作辅料，促进菌丝生长，提高产量。一般主料和辅料中含有多种维生素，在实际生产中不需额外添加维生素。

2. 温度

平菇菌丝在3～35℃均可生长，低温及中广温品种在24℃左右生长最快，高温品种则以27～28℃生长最适，超过33℃时菌丝生长不良，40℃持续2小时，则菌丝死亡。

3. 湿度

在菌丝生长阶段，平菇培养料的含水量以60%～64%为宜，空气相对湿度控制在60%～65%。在子实体生长阶段，要求出菇场地湿润，空气相对湿度在85%～95%之间。

4. 空气

平菇是一类好气性真菌，其菌丝生长和子实体发育都需要充足的氧气。在子实体生长阶段，菌丝对二氧化碳浓度特别敏感，二氧化碳浓度超过0.1%就会形成畸形菇。因此，在出菇时需要经常通风换气，及时排出二氧化碳，补充新鲜氧气。

5. 光照

平菇菌丝在黑暗条件下能正常生长，但子实体的形成需要一定的散射光。一般为"八分阴二分阳"，光线过暗或过强，都不利于子实体的形成和生长。

6. pH值

平菇菌丝在pH值为5～9时能正常生长，但其最适宜pH值为5.5～6.5。由于生长过程中的代谢作用，平菇培养料的酸碱度会逐渐下降，因此在培养料配制时，酸碱度以偏碱为宜。

二、栽培技术

1917年，德国最先在木桩和原木上栽培平菇，尽管目前存在多种平菇栽培方法，但圆柱形袋装栽培法和木托盘栽培法的应用较为普遍。在我国中南地区和华南地区，由于空气湿度大、温度较高、环境杂菌载有量大，以熟料袋栽模式较为适宜。因此，此处主要介绍熟料袋栽技术。

（一）生产季节

不同品种的平菇出菇所需温度差异较大，需根据栽培季节选择适宜的平菇品种。在自然条件下，一般只有7—8月不能出菇，将不同温型的品种相互搭配，利用水帘等简单的降温设备设施，即可实现周年生产。

（二）菌种生产

平菇栽培一般采用常规固体菌种，有少数生产者采用液体菌种或枝条菌种，其生产方法可参照第四章"食用菌菌种生产技术"相关内容。

常规固体菌种使用时间久，制种技术成熟，接种和培菌环节易于控制，尤其是二级、三级菌种（见图5-4）生产可与菌包生产共用设备设施，生产者可根据自身设备和技术水平进行不同级别菌种生产，通常在做栽培袋前30天制栽培种，前60天制原种，前75天制母种。自己生产菌种，可进一步降低生产成本和提高菌种活力，适合绝大多数生产者。

液体菌种是采用现代微生物发酵罐生产设备进行深层发酵生产出来的菌种，生产时间短，菌种活力强。液体状态适合接种机进行机械化接种，接种后菌种多点萌发，培菌效率高。同时，液体菌种生产技术要求高，菌种纯度检测保障难度大，接菌和培菌环境净化要求高，适合中大型工厂化生产企业。

枝条菌种是一种新型固体菌种，培菌效率要明显高于常规固体菌种，略低

图5-4　平菇三级菌种培养

于液体菌种，制种难度略高于常规固体菌种，远低于液体菌种，菌种纯度检测保障难度以及接菌和培菌环境净化要求与常规固体菌种类似，远低于

液体菌种，适合有一定技术水平的生产者。

（三）栽培方式

1. 高产配方

平菇是一种分解木质素和纤维素能力很强的木腐菌，其可利用的碳源种类较多，很多农作物秸秆和林业下脚料均可用来栽培平菇，且多种原料可混合使用，但需注意的是，松、杉、柏、樟等树种，因含有抑制性物质，不能直接用来栽培平菇。栽培平菇的原料宜就近取材，一般将碳源控制在80%～90%，氮源控制在5%～15%，再分别添加1%的糖、石膏粉和石灰粉，就能较好满足平菇的生长需求，以下3个栽培平菇的生产配方可供参考：①棉籽壳85%、稻草（长约2 cm）8%、麦麸5%、石膏粉1%、石灰粉1%，含水量为65%，pH值为7.5；②木屑85%、麦麸13%、石膏粉1%、白糖1%，含水量为65%，pH值为7.5；③棉籽壳45%、木屑45%、麦麸8%、石膏粉1%、石灰粉1%，含水量为65%，pH值为7.5。

2. 拌料装袋

（1）拌料

根据平菇的栽培规模，可选择人工拌料或拌料机拌料，应根据吸水性的强弱预湿碳源。莲籽壳应在拌料前8～30天进行预湿，木屑应在拌料的前3～30天进行预湿，棉籽壳、玉米芯、豆秸等应在拌料前1～2天进行预湿。人工拌料时，按照用量从小到大的原则，先将糖、石膏粉、石灰粉与麦麸混合拌匀，然后拌入经预湿的棉籽壳和杂木屑，加入适量的水（加水量包括预湿棉籽壳等主料所用的水，为培养料总量的1.2～1.5倍），充分拌匀。先进的拌料机械只需将各种原料放入对应的进料桶，设定好配方比例，就能自动配制出合格的原料；常规的拌料机通过进料翻斗进料，一般先将主料用铲车初拌后，再用铲车铲入进料翻斗，然后将进料翻斗推入进料装置中，将主料翻进拌料机的拌料槽内，辅料也按同样的方式加进拌料槽内，最后边搅拌边调节水分含量及pH值。

（2）装袋

根据平菇栽培规模，可选择人工装袋或装袋机装袋（图5-5）。平菇栽培一般采用宽20～25 cm、长40～45 cm、厚0.002～0.003 cm的聚

图5-5　装袋机装袋

乙烯菌包袋或筒膜（筒膜一般指两端开口的菌包袋，装料前需将一端用纤维绳扎上）装袋，装袋时培养料要达到合适松紧度，袋口可用套环或纤维绳封口。需要说明的是，平菇栽培如果使用聚乙烯袋（出菇时料与袋壁不易分离，出现袋内菇的概率较低），则只能采用常压灭菌。

3. 灭菌

装袋完毕后，应迅速灭菌，从开始装袋到进灭菌锅的操作应在 10 小时内完成。采用常压蒸汽灭菌（图 5-6），当灭菌容器内温度达 98℃以上时，保持 13～16 小时。灭菌结束后，待灭菌容器内温度自然降至 60～70℃时，把菌棒搬到冷却室冷却。

图 5-6　平菇栽培常压灭菌

4. 接种

当袋内温度为 30℃以下时，在接种箱、接种室或接种棚内，按无菌操作要点进行两端（采用一端开口的菌包袋则只在袋口一端）接种。

5. 培菌

平菇培养的场地要求清洁卫生，既可以是通风、阴凉的室内培菌房，也可以是室外遮阴、遮光的塑料培菌大棚。把接种后的菌袋放在培养室内，叠放 4～5 层，温度低时，菌包可适当叠放高一些、紧凑一些，温度高时，菌包要放得松散一些。通常在 25～28℃下进行发菌，持续 30 天左右，菌丝长满整袋。以下是同一基地在不同温度下培菌时，菌包的摆放方式（图 5-7）。

温度高时　　　　　　　　　　　　　　　温度低时

图 5-7　平菇菌包培菌时摆放方式

6. 出菇

（1）出菇场地

平菇生产场地（含出菇场地）的总体要求参见第二章"食用菌生产场地"。平菇出菇场地的技术要求为：清洁卫生、挡风透气、防雨遮阳（可给予散射光）；地势平坦、水质水量达到栽培要求并配备与生产模式配套的喷灌设备设施；生态环境良好，500 m 内无禽畜舍，50 m 内无垃圾场和死水池等危害食用菌的病虫害滋生地。

可按照上述要求改造废弃的农舍、学校、仓库成为出菇场地，也可搭建季节性出菇棚、塑料出菇大棚或设施大棚作为平菇的出菇场地。具体搭建方式如下：①季节性出菇棚（图 5-8）宜为东西走向，坐北朝南，棚高 1.8～2.5 m，宽度 4～6 m，长度 15～30 m；具有防雨、遮阳、挡风等结构和设施；棚顶应有覆盖物，具有隔热性能；墙壁应坚固、平滑，便于清洗、消毒；地面应坚实、平整；应由采光、保温和保湿结构组成，以塑料薄膜为透明覆盖材料，出菇棚四周宜用塑料薄膜围成 0.6～0.8 m 的挡风屏。②塑料出菇棚为采用塑料薄膜覆盖的拱圆形或人字形菇棚；菇棚骨架常用竹、木、钢材等为建造材料，棚高 3.3～3.8 m，宽度 7～10 m，长度 20～30 m；菇棚采用塑料膜覆盖一层，遮阳网遮光率为 80%～90%，遮阳网覆盖 1～2 层，塑料膜、遮阳网长度、宽度等规格应根据实际而定，将塑料膜、遮阳网盖在拱圆形架上，然后把塑料膜边压在轨道槽内扣紧；棚四周宜用塑料薄膜围成 0.6～0.8 m 高的挡风屏（图 5-9）。③设施大棚（图 5-10）一般由若干单体菇棚组成，单体菇棚宽 8～10 m，边高 2～3 m，长度不限；棚外由外至内覆盖适当密度的遮阳网和遮雨塑料薄膜，还可在塑料薄膜内覆盖保温层（可代替遮阳网），棚内安装微喷灌、通风、补光等物联网智能控制设施。

图 5-8　季节性出菇棚及挡风屏　　　　图 5-9　塑料出菇棚及挡风屏

图 5－10　设施大棚

（2）出菇管理

平菇菌包长满菌丝后即可移入出菇场地进行出菇管理，具体出菇管理如下。

①适时催蕾：菌丝成熟后，在料面有淡黄色分泌物和形成瘤状突起原基时，应及时增强光照强度和湿度，使温差增大，加强通风，促进菇蕾形成。

②控温控湿：出菇时将温度控制在所栽品种的适温范围内，现蕾后，适当提高温度，促进子实体生长。空气相对湿度保持在85%～90%，喷水增湿，坚持菇多则多喷，雨天停喷。

③控气控光：菇房要通气良好，与控温控湿相结合，每天通气1～3次，及时带走二氧化碳，促进菌盖生长，高温高湿及时通气；从窗户给予一定的散射光照，一般为"八分阴二分阳"。

④适时采收：在菇盖颜色逐渐变浅，菌盖边缘尚未展平，未散发出孢子时进行采收（此时采收产量最大，具体采收标准可根据市场需求）。采收时，一丛应一次性采完。每采完一潮，停止喷水2～3天，再进行下一潮菇出菇管理。出了第二批后，可以采用地下覆土或墙式覆土方法出菇，提高产量。

（四）废菌料处理

栽培平菇后的废菌料要及时妥善处理，废菌包的塑料外袋，可交由回收企业回收利用；废菌渣中的木质素、纤维素等已被平菇菌丝充分分解利用，但仍残余丰富的可被植物利用的有机质和矿质元素，可作为苗木栽培的基质或者直接返田利用。

（五）平菇的加工

1. 平菇柄风味小食品加工实例

（1）原料

平菇柄 1 000 g、预煮水 2 000 mL；预煮料包：八角 3 g、花椒 3 g、甘草 2 g；腌制料：白砂糖 120 g、食盐 18 g；滚揉料：柠檬酸 8 g、鸡精 13 g、辣椒粉 205 g。

（2）工艺流程

平菇柄→分级→清洗→切片→预煮→除水→腌制→除水→混料→滚揉→整理→烘制→成品。

（3）操作要点

平菇柄处理：剪去平菇柄基部并用清水洗净表面杂物（泥土、培养料等），再根据粗细进行分级、切片，厚度以 0.5 cm 为佳。

预煮及除水：将切好的平菇柄片和预煮料包倒入预煮水中，煮沸后再用文火煮制 1 小时，将煮后的平菇柄片用离心机甩干除水，甩出的汁液可回收再利用。

腌制：将腌制料均匀拌入除水后的平菇柄片中，在 20℃ 室温下腌制 30 分钟后，将渗出的汁液滤去（切忌过分挤压，使水分流失过多）。

混料及滚揉：将滚揉料与腌制好的平菇柄片混匀，倒入滚揉锅中滚揉 30 分钟。若无滚揉锅，也可用和面机代替，转速以不超过 200 r/min 为宜。

整理：将滚揉后的平菇柄置于振动筛中，使其片形舒展，以利烘制美观。

烘制：将整理后的平菇柄放入烘箱中烘制。先用 80℃、大排风烘制 1 小时，其间翻动 1 次，以利排湿；后用 60℃、大排风烘制 2～3 小时，其间每隔 0.5 小时翻动 1 次；再用 60℃、小排风烘制 2～3 小时，至出品率达到 25% 左右时再上升为 80℃、小排风烘制 1 小时，即为烘制完成。然后冷却至室温，待菇片凉透后，包装即为成品。

2. 平菇菌粉加工实例

（1）工艺流程

原料→去菇根、杂质→清洗→切割→烘干→研磨→过筛→包装。

（2）操作要点

清洗：将新鲜平菇放入洗菇机中，去除表面的泥土和杂质，确保原料的清洁度。

　　切割：将清洗干净的平菇放入切菇机中，进行切割处理，使其大小适中，便于后续加工。

　　烘干：将切割好的平菇放入烘干机中，进行烘干处理。烘干的温度和时间应根据平菇的品种和大小进行调整，以确保烘干后的平菇水分含量适中，便于后续研磨。一般来说，烘干温度可控制在 60～70℃之间，时间为 2～4 小时。

　　研磨：将烘干后的平菇放入研磨机中，进行研磨处理。研磨过程中，应确保设备的正常运转，并根据需要调整研磨细度。一般来说，干平菇粉的细度应达到一定的标准，以便于后续过筛和包装。

　　过筛：将研磨好的干平菇粉放入过筛机中，进行过筛处理。过筛的目的是去除杂质和不合格的颗粒，提高产品的纯净度和品质。过筛后的干平菇粉应存放在干燥、清洁的环境中，以防受潮和被污染。

　　包装：将过筛后的干平菇粉（图 5－11）按照规定的包装规格进行包装。包装应选用无毒、无味、无污染的材料，以确保产品的安全性和卫生性。包装好的干平菇粉应存放在阴凉、干燥、通风的地方，避免阳光直射和高温。

图 5－11　干平菇粉

3. 即食平菇加工实例

（1）工艺流程

原料→去菇根、杂质→清洗→撕丝→腌制→脱水→辣椒炒制→拌料→包装。

（2）操作要点

清洗：整理、清洗、称取适量无腐烂、无霉变的新鲜平菇，去除根部至根部以上部位和可见杂质后，放入清水中清洗干净，除去表面黏附杂质，再置于流水中冲洗 2～3 次。

撕丝：将上述洗净后的平菇置于阴凉通风处沥干表层水，沿菌盖和菌柄纹路撕成 2～3 mm 宽的细小平菇丝。

腌制：将完全撕成菇丝后的平菇置

图 5‑12　即食平菇

于大盆中，加入适量食盐、味精、花椒，搓揉，使菇丝表面均匀裹上食盐和味精，腌制 2～3 小时。

脱水：称取适量的菜籽油放入铁锅中，大火加热至油温≥180℃，将腌制好的菇丝挤掉水分，沥干后放入锅中，炸至菇丝含水量为 8％～11％。当菇丝颜色金黄、绵软时捞出，沥干油渍备用。

辣椒炒制：称取适量新鲜辣椒清洗后切碎，辣椒颗粒≤3 mm，然后放入烧热的油中，不停翻炒，炒至辣椒颗粒含水量为 8％～11％，颜色开始变成棕色，有沙沙声时起锅备用。

拌料：油辣椒起锅后立即放入上述备用炸后菇丝，将其混合搅拌均匀。同时，需不停翻动，使菇丝表层均匀裹覆一层辣椒油及辣椒颗粒。

包装：待菇丝与辣椒拌匀后趁热装入包装容器，密封包装，干燥贮存（图 5‑12）。

第二节　香　菇

香菇（*Lentinula edodes*），又名香信、香蕈、花菇、北菇、冬菇等，俗称中国蘑菇，属真菌界、担子菌门、伞菌纲、脐菇科、小香菇属，是我国栽培历史悠久及最先被驯化栽培的优良食用菌，也是我国年产量最高的食用菌栽培品种。我国也是世界上第一大香菇生产国和出口国。香菇中含有丰富的蛋白质和氨基酸，还有多种纤维素、矿质元素及微量元素，具有很高的营养价值和药用价值。香菇鲜品肉质鲜嫩多汁、嫩滑爽口，香菇干品香味浓郁，具有独特的鲜香味，香菇多糖具有抗肿瘤、抗病毒及增强免疫力等多种药用保健功效，被称为"菇中之王"。

据估计，我国香菇栽培始于公元 1000—1100 年，由南宋庆元县百山祖乡龙岩村吴煜首次提出，其技术特点是"砍花种菇"和"敲木惊蕈"，这种半人工的栽培方法，一直沿用到 20 世纪 60 年代。1965 年，中国科学院中南真菌研究室等单位，试用"段木纯菌丝接种法"，并获得成功，使香菇栽培进入了纯菌种栽培时代。在 20 世纪 70—80 年代，我国开始进行香菇代料栽培。香菇代料栽培分为压块栽培和脱袋栽培，随着香菇产业发展，香菇脱袋栽培以其生产周期短、产量高、操作方便的特点逐渐成为香菇栽培的主要模式。21 世纪后，我国香菇栽培基本上采用袋栽，出菇方式可分为脱袋出菇、割口出菇（花菇栽培模式）、脱袋保水膜出菇、脱袋覆土出菇等。

香菇是一种典型的袋栽食用菌品种，对技术要求较高。在我国，香菇一直拥有较为稳定的销售市场，因此香菇栽培收益一直相对稳定，生产者可以将香菇作为当家品种长年栽培。香菇通常作为衡量生产者技术水平的标准品种，在掌握香菇栽培技术的基础上，生产者可以尝试栽培其他袋栽食用菌品种。

一、生物学特性

（一）形态特征

香菇菌丝呈白色绒毛状，先端菌丝整齐浓密，菌丝具有横隔和分枝，双核菌丝锁状联合较多，单核菌丝则没有。香菇菌丝在培养后期会分泌褐色色素，在 PDA 培养基斜面易形成褐色斑块。香菇的栽培袋长满菌丝后，菌丝会从接种口向四周逐步蔓延形成褐色斑块，最后覆盖整个菌棒表面，这个过程通常被称为转色，是香菇菌棒出优质菇必须经过的生理过程。香菇的子实体单生、簇生或群生，主要由菌盖、菌褶、菌柄、菌环组成。菌盖为圆形，呈扁半球形至平展，直径通常在 5～12 cm，有时可达 20 cm，表面为浅褐色、深褐色至暗褐色，覆有深色鳞片，边缘鳞片色浅，具毛状物或絮状物。菌褶初期为白色，密，离生，不等长，呈白色刀片状，后期呈浅褐色，是担孢子的着生处。菌柄长度为 3～10 cm，直径为 0.5～3 cm，中生或偏生，实心，坚韧，覆生鳞片，柄肉白色，轻微纤维化。菌环窄，易消失，菌环以下有纤维毛状鳞片。担孢子呈椭圆形至卵圆形，大小为（4.5～7）μm×（3～4）μm，光滑，无色。一般香菇开伞后形态见图5－13。

花菇是香菇的一种，在实际生产中，花菇是经特定条件培育，菌盖表面开裂，白色菌肉外露呈裂缝状至龟背状，而形成的优质菇品（图5－14）。我国湖北、浙江、河南等地近年来选育出来的花菇品种具有菇形好、肉质厚、花纹深、外观品质佳等优点。

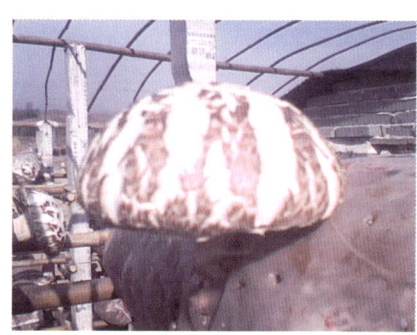

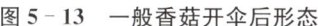

图5－13　一般香菇开伞后形态　　　　　图5－14　优质花菇

（二）生活习性

香菇是一种典型的木腐菌，培养料主料以硬质杂木屑为佳。香菇的栽培周期较长，3个月左右出菇的香菇品种称为短菌龄品种，代表性短菌龄品种有CrO2、CrO4、Cr66、L26、申香4号等。4个月左右出菇的品种称为长菌龄品种，代表性长菌龄品种有L135、L939、L931等。香菇多属中低温型品种，最适出菇温度为12～17℃，在20～30℃条件下能够出菇的品种被称为高温型品种，代表性高温型品种有武香1号、申香8号等。香菇的生物转化率因品种不同而有一定差异，一般在80％～100％之间。

1. 营养

香菇在生长发育中所需的营养物质主要是碳水化合物和含氮化合物，以及少量的矿物盐类等。碳水化合物主要有木质素、纤维素和淀粉、麦芽糖、葡萄糖等，含氮化合物主要有氨基酸、蛋白质和氨态氮等。硬质杂木屑是栽培香菇的主要优质原料，栗树、油桐、枫树、杨树等木材中都具有香菇生长发育所需的营养物质。此外，添加少量富有营养的米糠、麸皮等可以促进菌丝的生长，提高出菇率。

2. 温度

香菇菌丝在 $5\sim32℃$ 均能生长，以 $20\sim26℃$ 最适宜，在 $10℃$ 以下菌丝生长缓慢，在 $30℃$ 以上菌丝纤细。香菇属变温结实菌类，温差刺激可以提高其产量和质量。中低温香菇品种的子实体在 $5℃$ 以上就可以分化，虽生长较慢，但菌肉厚、菌柄短、品质好。中高温香菇品种在 $25℃$ 左右也可以分化，但菌肉薄、菌柄长、品质较差。

3. 湿度

袋栽香菇，培养料的含水量一般以 $55\%\sim60\%$ 为宜，空气相对湿度为 $65\%\sim70\%$ 较好。在出菇阶段，培养料的含水量以 $60\%\sim70\%$ 为宜，空气相对湿度以 $80\%\sim90\%$ 为好。如要培育优质花菇，在出菇期间，空气相对湿度应在 $60\%\sim75\%$ 之间，要求干湿交替，且昼夜温差大。

4. 空气

香菇是好气性菌类，在生长发育的过程中需要氧气。若空气不流通，氧气不足，对菌丝的生长和菇体的形成都有抑制作用，且一些霉菌和危害香菇的杂菌也容易发生。

5. 光照

香菇的菌丝生长不需要光照，但一定的散射光对香菇子实体的形成有良好的作用。出菇阶段，栽培场应适当遮阴，遮阴度应在 $75\%\sim85\%$ 之间，通常称为"七分阴三分阳"。

6. pH 值

香菇菌丝宜在弱酸性环境中生长。一般情况下，菌丝体在 pH 值为 $3\sim7$ 时均可生长，pH 值为 $5\sim6$ 时生长最适宜。在生长发育过程中，香菇菌丝自身会产生有机酸，香菇菌棒在菌丝达到生理成熟后会发生酸化，形成有利于子实体形成的酸碱度环境（pH 值为 $4.5\sim5$）。此外，在灭菌时，培养料 pH 值也会有所降低，拌料时可将 pH 值控制在 $7.5\sim8$，有利于防止杂菌滋生。

二、栽培技术

我国现代香菇栽培技术革新始于 20 世纪 60 年代，1965 年，中国科学院中南真菌研究室等单位，试用"段木纯菌丝接种法"并获得成功，我国香菇栽培进入了纯菌种时代。20 世纪 70—80 年代，湖南省永州市土畜产进出口公司香菇场大力推广香菇段木栽培，高峰期年出口香菇 100 t 左右，并完善了香菇压块栽培技术。随着香菇产业发展，香菇脱袋栽培以其生产周期短、产量高、操作方便的特点逐渐成为香菇栽培的主要模式。进入 21 世纪，湖南省食用菌研究所集成国内香菇栽培技术，开发出适合中南地区的两种香菇栽培模式，即脱袋覆土反季香菇栽培模式和脱袋顺季香菇栽培模式。

（一）生产季节

香菇在我国栽培十分广泛，各地根据气候条件及地域特点不断创新出了适合当地环境条件的香菇优质高效栽培模式，这里主要介绍两种适合华中地区和华南地区（中南地区）的香菇栽培模式，即脱袋覆土反季香菇栽培模式和脱袋顺季香菇栽培模式。

脱袋覆土反季香菇栽培模式一般在 5—10 月出菇，因此需选择高温型香菇品种。该模式通常在春节前后生产菌棒，春节前生产可选长菌龄品种，春节后生产宜选短菌龄品种。脱袋顺季香菇栽培模式一般在 11 月至翌年 4 月份出菇，该模式有两个菌棒的生产时段，即春节前后和 7—8 月。春节前后温度和空气湿度低，空气中杂菌少，环境灭菌难度低，菌棒生产正品率高，宜选长菌龄香菇品种，且需选择较荫凉的地方越夏；7—8 月生产菌棒应选择短菌龄品种，此时中南地区温度高，易形成高温高湿的接种封闭空间，对环境灭菌要求高。若技术不过硬，菌棒生产正品率低，其培菌宜在控温培菌房，菌棒不需越夏。

（二）菌种生产

香菇一般采用 PDA 培养基制一级菌种（母种），木屑棉籽壳培养基制二级菌种（原种）和三级菌种（栽培种）。制三级菌种时可加入适当的棉籽壳，利于接种时分种，推荐三级菌种配方：杂木屑 38%、棉籽壳 35%、麦麸 25%、蔗糖 1%、石膏粉 1%，含水量 60%，pH 值为 7。各级菌种生产方法参照第四章"四、不同种类菌种生产技术"相关内容。一般在接种前 90 天生产一级菌种，前 75 天生产二级菌种，前 40 天生产三级菌种。近年来浙江省庆元县食用菌科研中心还开发出香菇胶囊菌种（图 5 - 15），对提高接菌效率和发菌整齐度比较有益，其使用方法与香菇固体菌种类似，可参照香菇固体菌种使用方法，但其生产技术要求较高，在此不作介绍。

图 5－15　香菇胶囊菌种接菌效果

（三）栽培方式

1. 高产配方

香菇是一种典型的木腐型真菌，栽培主料以硬质杂木屑为宜，在棉产区或粮产区，可适当添加部分棉籽壳或其他农作物秸秆，但产量和品质均有所降低。以下为三种高产香菇栽培料配方：①杂木屑 77％、麦麸 20％、糖 1％、石膏粉 1％、碳酸钙粉 1％，含水量 60％，pH 值为 7.5；②木屑 50％、棉籽壳 32％、麦麸 15％、糖 1％、石膏粉 1％、碳酸钙粉 1％，含水量 60％，pH 值为 7.5；③杂木屑 50％、碎玉米芯 32％、麦麸 15％、糖 1％、石膏粉 1％、碳酸钙粉 1％，含水量 60％，pH 值为 7.5。

2. 拌料装袋

（1）拌料

木屑应在拌料的前 3～30 天进行预湿，棉籽壳、玉米芯等应在拌料的前 1～2 天进行预湿。可采用机械或人工拌料（图 5－16），拌料时按照高产配方将主料与辅料加水充分拌匀，调好含水量和 pH 值。

图 5－16　香菇自走式拌料机拌料

（2）装袋

香菇菌袋较长，通常选用宽 15～17 cm、长 55～60 cm、厚 0.005 cm 规格的塑料袋，利用装袋机装袋（图 5-17）。装好后，整个菌棒上下松紧均匀、适度，袋口用线扎紧或采用机械封口（图 5-18）。用宽 17～19 cm、长 60～65 cm、厚 0.001 cm 规格的塑料套袋套在菌棒外，袋口用线绳扎好（打活结）。香菇菌棒生产是否二次套袋以及二次套袋时间的选择，在各地均有所不同，二次套袋一般有三个时间，即装袋后、灭菌后和接种后，选择不同时间进行二次套袋各有优劣，应结合实际情况决定。若在春节前生产菌棒，可以不进行二次套袋或者在接种后二次套袋，若在春节后或 7—8 月生产菌棒，建议在装袋后或灭菌后二次套袋。

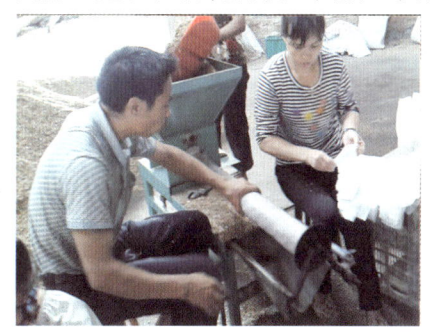

图 5-17　小型装袋机装袋

图 5-18　菌棒机械封口

3. 灭菌

装袋后，应迅速灭菌，装袋和进灭菌锅的整个操作应在 6 小时内完成，其他可参考平菇装袋后菌棒的灭菌操作和要求。

香菇菌棒灭菌通常采用常压灭菌，在不同地区灭菌时间差异很大，从十几个小时到 100 多个小时不等。影响香菇灭菌时间的主要原因有以下几个：一是原料是否霉变，若霉变则说明原料含有大量极难杀灭的杂菌孢子；二是原料在拌料前是否充分预湿吸水，若未充分预湿，则部分干料需在灭菌时吸水，甚至使整个灭菌过程成为干热灭菌（干热灭菌达到同样灭菌效果需要更长的灭菌时间或更高的温度）；三是单个菌包大小，菌包越大，热传导至菌棒中心所需的时间越长；四是菌棒堆码方式（菌棒间是否有空隙以便水蒸气流动），若菌棒堆码严实，则菌棒堆中心需要通过热传导来升温（热传导的传热效率远低于水蒸气流动的传热效率）；五是菌棒堆外面的保温隔热层保温隔热效果是否好，若保温隔热效果差，则菌棒堆很难达到规定温度。当以上影响灭菌时间的因素都达到最优时，可按本文所提的灭菌时间进行灭菌。生产者应根据自身灭菌设备设施条件灵活掌握灭菌条件（图5-19）。

进菌棒门　　　　　　　　　　　　出菌棒门

图5-19　香菇灭菌

4. 接种

可在接种箱、接种室或接种棚（图5-20）内进行香菇接种，但均要求严格的无菌操作。接种操作不严，易引起多种杂菌污染，会对菌种萌发及菌丝生长发育造成较大影响，直接影响栽培质量和效益。放入菌棒前，应先对接种场地进行严格消毒，然后把菌棒搬入接种场地，对接种场地、菌种和菌棒同时再进行消毒灭菌处理，待菌棒冷却至30℃以下时，开始接种。接种的具体做法是：解开套袋，将套袋脱至菌棒4/5处（无套袋的直接打孔接种），在菌棒一面打3～4个直径1.5～2 cm、深2～2.5 cm的接种孔，从接种孔接入菌种，菌种应略高于菌袋表面，以便于菌种封住接种孔，最后将套袋复原。

图5-20　在接种棚内接种香菇

5. 培菌

菌棒接种后，轻轻地将菌棒码成"井"字形堆（图5-21），每层3根菌棒，码5～10层，接种口朝两侧。也可直接将菌棒放于层架上（图5-22），在22～25℃下培养发菌。10～12天后，将套袋解松通风。20天后，翻堆清杂，若环境温度超过25℃，应进行散堆，即将菌棒码成"井"字形堆，每层2根菌棒，或码成三角堆，每层3根菌棒，待60天左右菌丝即长满菌袋。

图5-21　香菇"井"字形堆码　　　图5-22　香菇培菌层架

在培菌时，还应注意对菌棒进行刺孔。香菇菌棒刺孔是为了促进菌丝快速向内生长，为菌丝生长不断提供新鲜的氧气。刺孔通常也能抑制菌棒过早现蕾，避免出现菌丝尚未充分成熟而产生无效蕾的情况。刺孔操作有两种：一是刺孔透气，当相邻接种孔的菌落快连起时，若菌丝生长较慢，可在每个接种孔四周菌落内刺3~6个孔深1~1.5 cm，孔径1~2 mm的透气孔，须注意透气孔要距菌落边缘2~3 cm，切记不要刺在没长菌丝的地方，否则会造成杂菌感染，根据菌丝生长情况，在香菇培菌期间可刺1~2次透气孔；二是放大气，在菌丝长满菌棒后继续培养7~10天，然后在菌棒上刺孔（4~6排，每排6~8个孔），孔深为菌棒直径的1/3左右，孔径约为3 mm，打孔后应加强通风换气，温度控制在25℃左右。

6. 转色管理

转色是香菇栽培的特色，也是香菇优质高产的关键。

（1）出菇场地选择和菇棚搭建

应选择地势平坦、排灌方便、通风良好，土质和水源清洁，无工矿业"三废"污染源的出菇场地。出菇场地周围100 m内无污染河塘、畜禽养殖场、废品垃圾粪便场等，并与医院、生活区、公路、原料、饲料、粮食仓库等隔离。菇棚要求为两层，外层为遮阴层，内层为塑料大棚。遮阴棚一般高2.5~3 m，长和宽可根据实际情况决定，顶部和四周用茅草、树枝等遮阴。塑料大棚一般宽6~7 m，顶部高2.0~2.5 m，长度不限。

（2）转色方法

香菇转色方法有不脱袋转色和脱袋转色两种，具体操作方法如下。

不脱袋转色（图5-23）　在菌丝长满菌棒后继续培养7~10天，然后在菌棒上刺4~6排孔，每排6~8个孔，孔深为菌棒直径的1/3左右，孔直径约为3 mm，打孔后应加强通风换气，温度控制在25℃左右，并给予

400 lx的散射光，及时排除菌袋内过多的黄水，促使菌棒转色。

脱袋转色　①脱袋：在菌丝长满菌棒后继续培养7～10天，然后开始脱袋。用利刃在菌棒一端横向划一下，划痕不宜过深，以刚好划破菌袋为宜，划痕长约为菌袋周长的2/3。再沿菌棒纵向划一下，划痕约与菌棒等长。接着，再在菌棒另一端横向划一下，即可脱下菌袋。②排场：在出菇棚内整好地、打

图5‑23　香菇不脱袋转色

木桩，用小铁丝拉线，整齐斜立排放脱了菌袋的菌棒（图5‑24）。也可在棚内做多层的菇架，将脱袋的菌棒横放于菇棚架上（图5‑25），通过闭棚增湿。③转色管理：菌棒排场后，用地膜覆盖，将温度控制在22～25℃，空气相对湿度控制在80%左右。5～6天后，菌棒表面重新长出绒毛状气生菌丝。接着，加大通风量，每天掀膜通风3～4次，使气生菌丝倒伏，由白色逐渐变成淡褐色，伴随有小菇蕾出现，最后变成棕褐色。

图5‑24　香菇地面脱袋转色

图5‑25　香菇层架脱袋转色

7. 出菇管理

香菇脱袋覆土反季栽培（图5‑26）和脱袋顺季栽培两种模式的制种、拌料、装袋、灭菌、接种、培菌及转色管理方法相同，只是出菇方法不同，现分别介绍如下。

（1）香菇脱袋覆土反季栽培模式出菇

菌棒覆土（图5‑27）：将转色面积达90%以上的菌棒（已脱袋）放入遮阴出菇棚内，菌棒横向埋入厢面土中，菌棒接种一侧留在土上面作为出

菇面，出菇面占整个菌棒弧形面的 1/5～1/4，菌棒间及两头要用土填实。

催蕾：覆土后浇一次重水（润湿整个覆土层），浇水后覆土下沉处要及时补加覆土。将覆土温度控制在 8～25℃，给予 10℃以上的温差刺激，并给予 400～600 lx 的光照刺激（遮阴度应在 75％～85％之间），并将空气相对湿度保持在 80％～95％范围内，诱发子实体原基形成。

育菇：控制温度在 8～25℃，空气相对湿度在 80％～90％，遮阴度在 75％～85％之间，保持通风确保空气清新，直至采收。采完一批菇后停止喷水几天，然后再次催蕾育菇进入下一批菇的出菇管理。

图 5-26　香菇脱袋覆土反季栽培模式出菇

图 5-27　香菇菌棒覆土

（2）脱袋顺季香菇栽培模式（图 5-28）

排场：在出菇棚内整好地、排木桩，用小铁丝拉线，整齐斜立排放已脱菌袋的菌棒。也可在棚内做多层的菇架，将脱袋的菌棒横放于菇棚架上（图 5-29）。

地面　　　　　层架

图 5-28　香菇脱袋顺季出菇

图 5-29　菇架排场

催蕾：不脱袋转色的菌棒在排场后即可进行催蕾管理，而脱袋转色的菌棒须待菌棒几乎全部转色（所有菌棒转色面积为95%以上）后方可进行催蕾管理。首先，向菇棚内喷水增加菇棚空气相对湿度，将菇棚温度控制在8～25℃，给予10℃以上的温差刺激，并给予400～600 lx的光照刺激（遮阴度应在75%～85%之间），并控制空气相对湿度在80%～95%范围内，诱发子实体原基形成。

催蕾后，控制温度在8～25℃，空气相对湿度80%～90%，遮阴度75%～85%，保持通气确保空气清新，直至采收。采完一批菇后停止喷水几天，然后再次催蕾育菇进入下一批菇的出菇管理。

8. 采收及转潮管理

（1）采收

当香菇子实体呈半球形，菌膜未破裂或刚破裂时，为香菇采收适期。香菇采收最迟应在菇盖边缘内凹、内卷时，以没开伞的为佳。采摘香菇时，用拇指、食指和中指捏住菇柄的下部，轻轻扭下即可，注意不要碰伤周围的幼菇。

（2）转潮管理

覆土出菇模式转潮管理较为容易，只需停水7～15天，让菌棒菌丝恢复，即可进行下一潮菇的催蕾育菇管理，在出菇过程中，菌棒可不断从土壤中吸收水分。

不覆土出菇模式出两批菇后，菌袋失水变轻，需进行补水，用香菇专用注水器插入菌棒中央，待菌棒恢复到原重量的85%时停止注水。然后，进行催蕾育菇管理，出第3～4批菇。出2批菇后，菌袋失水变轻，需再次进行补水。

（四）废菌料处理

香菇栽培规模大，会产生大量的废菌棒。处理废菌棒不仅是现代国家生态治理的法律要求，还能给企业带来相当可观的经济效益。废菌棒的塑料外袋可被回收加工成再生塑料。栽培香菇后的废菌渣含有丰富的有机质，可作为生产有机肥的原料。此类废菌渣一般较干燥，稍加晾晒即可作为农业生产及生活燃料。以上这些废菌料处理方式，都有成功案例，不同的香菇生产企业可根据自身情况选择使用。

第三节　灰树花

灰树花（*Grifola frondosa*），又名舞茸、栗蘑，属担子菌门、蘑菇亚门、蘑菇纲、多孔菌目、多孔菌科、树花菌属。灰树花的异名很多，有些著作中将其称为贝叶多孔菌，河北当地群众将其称为栗子蘑，四川当地群众将其称为千佛菌，在《福建通志》中称灰树花为重菇，福建当地群众把它叫作莲花菇，北京市延庆区东山地区有人将其称为甜瓜板，还有称其为奇果菌或叶奇果菌的。我国较早的权威专著《中国的真菌》中使用"灰树花"一名，使灰树花成为较为通用的名称。灰树花是世界卫生组织（WHO）和联合国粮食及农业组织（FAO）向发展中国家推荐的名贵经济品种，是一种药食兼用的高档珍稀食用菌。

国外对灰树花的研究起步较早，对灰树花研究最先进的国家是日本。日本于 1965 年利用木屑（菌床）栽培灰树花取得成功，1975 年将其正式投入商业性生产，最初年产量为 300 t 左右。20 世纪 80 年代，日本利用空调设备进行工厂化周年栽培，自此，灰树花生产有了较快发展。1987 年，日本灰树花产量达 3 016 t，1992 年产量达 8 950 t，日本成为灰树花主要生产国。近年来，机械化、自动化技术的发展与应用，进一步提高了食用菌生产的机械化程度。从拌料、装袋到发酵、接种、采菇等生产环节均已实现机械化，人工使用很少，很多环节都已采用流水线作业和智能化管理，使灰树花的产量和品质都有很大程度提升，头潮菇生物转化率一般为 40%～50%。目前，日本鲜灰树花的年产量达 1.4 万 t，仅次于香菇和金针菇的产量，居日本食用菌产量的第三位；韩国的食用菌工厂化生产技术先进，但灰树花栽培起步较晚，直到 2006 年才栽培成功，受本国自然资源的限制，韩国灰树花发展速度较慢；美国的灰树花生产与消费发展非常迅速，但技术优势不突出。

我国从 20 世纪 80 年代初开始对灰树花进行人工驯化栽培。目前，灰树花栽培规模较大的省份有河北和浙江，其他省份如辽宁、山东、山西、陕西、安徽、江苏、湖北、福建等也有灰树花的人工栽培。近年来，上海、山东、湖南等地开展了灰树花工厂化生产技术研究与示范。灰树花人工栽培在我国发展势头十分迅猛。有数据表明，1997 年我国灰树花的年产量仅为 0.2 万 t，而 1998 年即达到 1.03 万 t，2022 年达到 5 万 t 左右，产量增长很快。然而，截至 2022 年，灰树花年产量占食用菌总产量的比例仍不到千分之二，我国的灰树花发展与其他食用菌品种相比较为滞后。

灰树花食味清香，肉质脆嫩，味如鸡丝，脆似玉兰，鲜美可口，深受大众喜爱。其食用方法多种多样，可炒、烧、涮、炖，具有"一泡即用，长煮仍脆"的特点；可做汤、馅、冷拼，做汤风味尤佳，是宴席上不可多得的佳肴；凉拌质地脆嫩，炒食清凉可口。鲜灰树花品质细嫩、脆滑爽口，炒菜煲汤皆宜；干灰树花浓郁芳香，被视为美味佳肴，宴席珍品；罐头灰树花，色香皆存。灰树花营养成分特点是高蛋白、低脂肪，富含必需氨基酸和多种维生素。根据农业农村部农产品质量安全监督检验测试中心、中国疾病预防控制中心营养与健康所的检测结果，灰树花子实体干品含蛋白质 31.5%，脂肪 1.7%，碳水化合物 49.69%，粗纤维 10.7%，灰分 6.41%，维生素 B_1 1.47 mg/100 g，维生素 B_2 0.72 mg/100 g，维生素 C 17 mg/100 g，维生素 E 109.7 mg/100 g，胡萝卜素 0.04 mg/100 g，灰树花中含有 18 种氨基酸，其中包括人体必需的 8 种氨基酸，尤其是色氨酸含量很高。因此，当灰树花与其他食物共食时，能够发挥蛋白质互补效应，对于优化食物构成、平衡营养成分以及提升机体对蛋白质的吸收利用率具有重要作用。灰树花能烹调成多种美味佳肴，是极其珍贵的高档食用蕈菌。

灰树花的栽培生产周期短、成本低、投资少、见效快，是现代高效农业项目，可调动广大农户、企业和基地生产者的生产积极性，逐步实现生产的规模化、集约化和产业化，促进农村现有产业结构的调整和升级，增加农民收入。同时，能够转移农村剩余劳动力，带动地方经济的发展。近年来，采用控制温度、湿度、氧气等设备进行的室内层架育菇技术日益成熟，灰树花工厂化生产和智能化育菇已在我国有了突破性技术，并迅速在全国各地建厂投产。采摘的灰树花幼嫩鲜菇作为高档菜肴进入酒店，在我国各大中型城市推广开来，引领了食用菌市场消费新时尚，对产业发展也有很好的推动作用。在世界工业污染日趋严重的情况下，我国提出了发展循环经济的战略措施，灰树花栽培正是高技术含量的循环经济产业，其推广和应用，将把大量的棉壳、木屑、麦秆、莲壳等农业下脚料转化为高蛋白的营养食品，以充分利用农业资源，净化环境，维持和促进农业生态平衡和可持续发展。

一、生物学特性

（一）形态特征

灰树花菌丝体呈白色，菌丝延伸端较稀疏，后端逐渐变浓密，菌丝老化后变为红褐色，且易起菌皮。灰树花子实体形似盛开的莲花，菌盖呈扇形，十至几十片重叠成丛；其子实体大小从几十克到几十千克不等，肉质，边缘薄而稍内卷，表面有细毛，管孔延生，管口多角形（图 5 - 30）。菇体幼嫩呈黑色，成熟后为灰色至

图 5 - 30 灰树花子实体形态

深灰色，因品系差异，有的还呈现白色、褐色。灰树花孢子无色、透明，表面光滑，呈椭圆形，孢子大小为 $(4.5\sim6.5)\mu m \times (2.7\sim3.5)\mu m$。

（二）生活习性

从 20 世纪 80 年代起，浙江省庆元县食用菌科研中心、福建省三明市真菌研究所、湖南省食用菌研究所等单位开始进行灰树花生态调查和生物学特性研究，利用国内野生菌株和从日本引进的菌株进行灰树花栽培实验等工作，筛选出了优质高产的菌株和适合我国国情的栽培工艺，为我国灰树花的推广工作奠定了良好的技术基础。经专家鉴定，灰树花适合在我国南北各地进行栽培。

1. 营养

灰树花属于木腐菌类，对葡萄糖的利用率较高，对果糖利用率较低，纤维素、半纤维素、木质素等大分子糖类也能被其分解利用；灰树花对蛋白胨、玉米浆、黄豆饼粉等有机氮利用率最高，不能利用硝态氮。杂木屑，特别是栗子树的木屑，是用来培养灰树花的较好碳源；此外，禾谷类秸秆、棉籽壳、玉米芯等凡含有纤维素和木质素的有机物都可以作为生产灰树花的培养料。在培养料中加入适当麸皮、玉米粉、豆

粗粉等氮源可提高产量。

2. 温度

灰树花是中温型菌类，菌丝生长发育的温度范围比较宽泛，在 5～32℃ 的温度下都可以生长，但其最适宜温度为 23～28℃。灰树花原基形成期的温度为 16～25℃，子实体发育的适合温度为 20～30℃，最适宜的温度为 22～26℃。

3. 湿度

在菌丝生长阶段，空气相对湿度不宜太高，一般应控制在 60%～ 65%之间；子实体发生的最适湿度是 90%，在子实体生长阶段，它们对湿度的要求较高，空气相对湿度应保持在 85%～95%之间，当空气相对湿度低于 80%时，子实体容易干死，而空气湿度接近 100%时，原基又容易腐烂。灰树花在高温高湿环境条件下出菇，易发生绿霉菌污染，往往在出菇后期、菌棒划口时和幼菇期易感染绿霉菌，严重影响灰树花的产量和质量。

4. 空气

灰树花属于好气性真菌，子实体的生长对氧气的需求量比其他食用菌大得多，菇房每天需要全部更换空气 5～6 次，以保持良好的通风换气环境。氧气不足时，子实体菌盖呈珊瑚状畸变，开片比较困难，色泽也不正常；严重缺氧时，子实体会停止生长，甚至出现霉烂的现象。

5. 光照

菌丝生长阶段对光照的要求不太严格，菌丝在黑暗条件下也能正常生长；当菌丝扭结成原基时，必须有一定强度的光照，以促使原基变色。子实体生长发育时，栽培场所的光照要保持在 200～500 lx 才能刺激菌盖的分化，促使它们正常生长。

6. pH 值

灰树花菌丝适合在微酸性的培养基中生长，适宜其生长的 pH 值为 4.5～7，最适 pH 值为 5.5～6.5。菌丝在生长初期，对 pH 值特别敏感，母种菌丝纤细，生长较慢，但随着菌丝生长，后期菌丝不断变粗，适应性增强，原种、栽培种菌丝变得粗壮，生长速度较快。

二、栽培技术

（一）生产季节

灰树花为中温型品种，其子实体生长对温度很敏感，一般最适宜温度为16～26℃。灰树花一次出菇的栽培周期为90天左右，一年可栽培两次，即春季栽培和秋季栽培。在湖南省，参考栽培季节，如春栽，在1—2月制棒，4—5月第一次出菇，10—11月第二次出菇；如秋栽，则在7—8月制棒，10—11月第一次出菇，次年4—5月第二次出菇。第一次出菇完成后，应迅速覆土养菌，直至第二次出菇。栽培季节的安排原则是：对于春季栽培，纬度和海拔越低，接种期越早，纬度和海拔越高，则接种期越迟；秋季栽培正好相反，纬度和海拔越低，接种期越迟，纬度和海拔越高，接种期越早。

（二）菌种生产

灰树花一级菌种（母种）可用PDA培养基制作，但菌丝体长势较弱，推荐用加富PDA培养基，配方为：去皮马铃薯200 g（煮汁）、葡萄糖20 g，磷酸二氢钾2 g，硫酸镁0.5 g，板栗木屑100 g（煮汁）、琼脂20 g，调至pH值为7，制成培养基1 000 mL。二级菌种和三级菌种推荐培养基配方：①杂木屑38%、棉籽壳35%、麦麸25%、蔗糖1%、石膏粉1%，含水量60%，调至pH值为7；②杂木屑73%、麦麸25%、蔗糖1%、石膏粉1%，含水量60%，调至pH值为7。做三级菌种时加入适当的棉籽壳，利于接种时分种，因此建议用推荐配方①制作灰树花三级菌种，各级菌种生产方法可参照第四章"食用菌菌种生产技术"相关内容。一般在接种前100天生产一级菌种（图5‑31），前80天生产二级菌种（图5‑32），前40天生产三级菌种（图5‑33）。

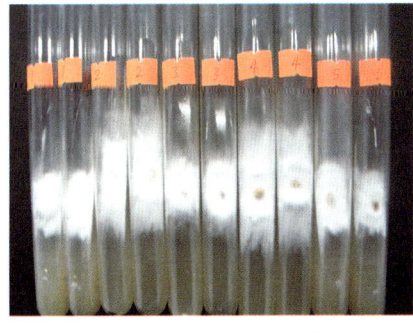

图5‑31　灰树花一级菌种　　　　　　图5‑32　灰树花二级菌种

图 5－33　灰树花三级菌种

（三）栽培方式

在南方地区，灰树花的栽培主要为长袋两季栽培，该栽培方式首先在浙江庆元地区形成，后推广到江西、湖南、湖北等省，现介绍如下。

1. 高产配方

①阔叶树木屑（粗：细＝1：3）75％、氮源（麸皮：玉米粉＝1：2）23％、糖 1％、石膏粉 1％，另加山表土 10％～15％，含水量 60％～65％，pH 值为 5.5～6.5；

②杂木屑 39％、棉籽壳 39％、麦麸 10％、玉米粉 10％、石膏粉 1％、糖 1％，另加山表土 10％～15％，料水比为 1：（1.1～1.2），pH 值自然。

2. 拌料制袋

（1）拌料

杂木屑在拌料前 2～3 天预湿，棉籽壳在拌料前 1～2 天预湿，拌料时按照用量从小到大的原则，先将石膏粉与麦麸混合拌匀，然后顺次拌入玉米粉和泥土，最后拌入经预湿的棉籽壳和杂木屑，加入适量的水（加水量包括预湿杂木屑等主料所用的水，为培养料总量的 1.1～1.2 倍），充分拌匀。灰树花的整个生长发育过程所需的水分全部来源于培养料，因此拌料时每 100 kg 干培养料须加水 110～120 kg，即料水比为 1：（1.1～1.2）。

（2）装袋

选用宽 15～17 cm、长 50～56 cm、厚 0.005 cm 的聚乙烯折角筒袋（高压灭菌应选用聚丙烯折角筒袋）。灰树花的菌袋较长，通常采用装袋机装袋，整个菌棒上下松紧均匀、适度，袋口用线扎紧，也可采用机械封口。用宽 17～19 cm、长 55～60 cm、厚 0.001 cm 规格的专用塑料套袋套在料袋外，袋口用线绳系活结扎好。

（3）灭菌

装袋完毕后，应迅速灭菌，从开始装袋到进灭菌锅的操作应在6小时内完成。采用常压蒸汽灭菌，当灭菌容器内温度达98℃以上时，保持13～16小时；采用高压蒸汽灭菌，当灭菌容器内温度达到121℃、压力达到0.10～0.11 MPa时，保持3～4小时。灭菌结束后，待灭菌容器内温度自然降至60～70℃时，把菌棒搬到冷却室冷却。

3. 接种培菌

（1）接种

待菌袋冷却至30℃以下时，对接种场地进行消毒灭菌。灭菌前，解开菌棒套袋，脱至4/5处，每个菌棒单面接种2～3穴，接种孔直径为1.5～2 cm、深2～2.5 cm。接种时，菌种应略高于菌袋表面，以利于封住接种孔，再将套袋复原。灰树花抗杂菌能力较弱，接种操作要严格按无菌操作程序进行，以确保接种的正品率。灰树花菌丝抗逆性较弱，菌丝萌发生长较慢（比香菇慢3～4天），为了提高灰树花的接种成活率，在接种时必须加大菌种用量，每袋菌种接15～20袋。

（2）培菌

接种完毕后，轻轻地将菌袋码成5～8层的"井"字形堆，接种口朝两侧（图5-34）。早期的灰树花菌丝比较稀疏、纤细，菌丝末端生长得不整齐，在适宜温度条件下培养10天左右，菌丝才会逐渐变得浓白。灰树花的菌丝生长最适温度为20～26℃，温度偏高或偏低均应进行人工调节。灰树花菌丝生长无需光照，在黑暗条件下菌丝生长良好，强光易诱使菌丝产生黄水，因此培

图5-34　灰树花培菌码堆

养室应尽可能遮光，特别是避免阳光的直接照射，以保持弱散射光为宜。翻堆、剔除受杂菌污染的菌棒和通风降温是发菌管理的主要工作。接种孔菌落直径6～10 cm时进行第一次翻堆，翻堆时除去套袋。接种后25～30天进行第二次翻堆，第二次翻堆后应降低堆高2～3层，每两行堆间留一条操作道。结合两次翻堆检查杂菌污染菌袋并及时将其清理出培养室。在适宜的温湿度条件下，经过40～50天培菌，菌丝即可长满菌棒。长满菌丝的菌

棒再经过 10～15 天后熟培养，即可进行出菇管理。

4. 出菇管理

（1）出菇场地选择和菇棚搭建

灰树花的出菇场地和菇棚搭建具体方法可参考本章第二节中有关香菇出菇场地选择和菇棚搭建等内容。

（2）割口出菇

在适宜出菇的气候条件下，将长满菌丝且经过后熟的菌棒搬入出菇场进行割口出菇。选择菌丝生长浓密之处，用锋利的刀片割两刀，长分别为 1.5～2 cm，形成一个"V"字形，接着刮去割口处的菌皮及少许培养料，深 2～3 mm。一般在每个菌棒上均匀割 1～2 个口，割口后的菌棒平行排放于地面或层架上，摆成"井"字形或三角形，并将割口朝向空隙处，不压着。菌棒割口后应尽快提高空气相对湿度，使空气湿度达到 85％～90％，保持温度为 20～24℃。此时适宜的温度和湿度很关键，当温度在 16℃ 以下，或 25℃ 以上，或湿度过低时，必须采取有效的措施。在适宜条件下，割口后的菌棒培养 7～10 天，在割口处即可形成灰白色子实体原基。此时应将菌棒单层摆放，且子实体原基朝上（操作时不能触碰原基），如图 5 - 35，预留操作道，并增加光照强度，促使原基逐步转为灰色和黑色，光照强度一般控制在 200～500 lx。当灰树花子实体原基由白色转为灰色、黑色，形成蜂窝状，并分泌许多小水珠挂在原基上面，这表明原基将进入分枝及叶片生长阶段，此时需要育菇管理。

（3）分段育菇（图 5 - 35）

杏鲍菇和金针菇等食用菌主要食用其菇柄，而灰树花主要食用菇盖。为了使灰树花菇盖得到充分发育，需要较为严格地控制通气与湿度，但通气与湿度在食用菌生产中是一对较难克服的矛盾的条件参数。

图 5 - 35　灰树花分段育菇

分段控制灰树花的培育工作，可以突出各育菇阶段的主要任务，提高环境因子与灰树花生理特性的切合度，从而提高育菇效率，降低育菇成本。可将灰树花育菇分为前期、中期、后期及尾期四个阶段，各阶段参考参数如下。

育菇前期：在育菇期的前 4～5 天，灰树花的原基上先出现蜂窝状凹陷，凹陷中有大量白色透明水珠，后水珠消失（90%）。将温度控制在 18～19℃，光照强度控制在 400～600 lx，采用超声波加湿器加湿育菇房，控制空气相对湿度为 90%～95%，控制二氧化碳浓度为 0.08%～0.10%（质量比）。

育菇中期：在育菇期 4～9 天，蜂窝状凹陷边缘向原基外生长，呈珊瑚状突起，而后，珊瑚状突起随着向外生长变宽，90% 呈花瓣状（有 10% 珊瑚状突起未变成花瓣状）。将温度控制在 18～20℃，光照强度控制在 400～600 lx，采用超声波加湿器结合喷雾加湿，每 6～8 小时对菇体进行 1 次轻度喷雾（菇盖上形成水珠，不连片），控制空气相对湿度为 85%～90%，控制二氧化碳浓度在 0.06%～0.10%（质量比）。

育菇后期：在育菇期 9～15 天，灰树花花瓣状菇盖继续生长，至花瓣边缘浅色生长线消失（达到 90%）。将温度控制在 19～22℃，光照强度控制在 800～1 000 lx，采用喷雾加湿，每 4～6 小时对菇体及出菇房地面进行 1 次重度喷雾（菇盖及地面上水成片），控制空气相对湿度在 80%～90%，控制二氧化碳浓度在 0.05%～0.08%（质量比）。

育菇尾期：在育菇期 16～17 天，菇盖边缘浅色生长线全部消失，菌孔刚出现即可采收。将温度控制在 17～19℃，光照强度控制在 800～1 000 lx，采用喷雾加湿，每 8～10 小时对菇体重度喷雾 1 次（菇盖上水成片），控制空气相对湿度在 80%～85%，控制二氧化碳浓度在 0.05%～0.08%（质量比）。

（4）二次出菇管理（图 5 - 36）

①覆土养菌

在每批菌棒第一次出菇结束后，应迅速覆土养菌，直至第二次出菇。春季栽培菌棒宜在 6—7 月覆土养菌，秋季栽培菌棒宜在 12 月至次年 2 月覆土养菌。

覆土养菌方法分为做畦、割袋等。做畦：畦宽 0.5～0.9 m，畦深 18～20 cm，畦间距 0.3～0.5 m，在畦底和周边用生石灰消毒。割袋：从菌棒中部割开 10 cm×10 cm 的筒袋，让栽培料

图 5 - 36 灰树花二次出菇

裸露出来。将菌棒紧密地横向排列于畦内，上下叠放 2 层，使菌棒呈"品"字形摆放，下层划口向上，上层划口向下，将各菌棒划口裸露处对接，先摆放好下层菌棒，在下层菌棒间的缝隙及菌棒两头覆上适量的土，确保两

层菌棒紧挨后无缝隙，再摆放上层菌棒，上层菌棒接种孔朝上，摆好上层菌棒后，进行完整覆土。将菌棒间的缝隙及两头用土壤填实，上层菌棒表面用 3～5 cm 土壤覆盖。

养菌管理：打开菇棚棚膜通风，控制土壤湿度为 60%～80%，保持棚内空气清新，土壤不开裂。

②催蕾

在出菇前 10～15 天，去除菌棒表面泥土，用清水洗净菌棒上表面泥沙，在菌棒上表面覆盖一层遮阳网保湿，每天喷水 1～2 次，确保遮盖物湿润。

③二次出菇管理

当菇蕾长至 2～3 cm 时，去除菌棒表面遮盖物，放下菇棚棚膜，增加棚内空气湿度。根据菇棚内的湿度情况，每天需向空气中喷洒雾状水 1～2 次，切忌直接向菇蕾喷水。在棚口底部加装 0.5～0.6 m 的挡风设施，每天早晚各通风 1～2 小时，高温和阴雨天气宜多通风，低温和大风天气则少通风，应避免风直吹原基或菇体。荫棚温度宜控制在 15～23℃，空气相对湿度宜控制在 80%～90%，宜采用 200～500 lx 的散射光，避免强光直射。在原基分化出叶片、形成子实体后，根据荫棚的湿度情况，每天喷洒雾状水 1～2 次，保持空气相对湿度为 85%～95%，直至采收。二次出菇管理可参考前述分段育菇技术。

（5）适时采收加工

灰树花由现蕾到采摘一般需 15～18 天的出菇管理。当灰树花子实体的扇形菌盖充分展开，边缘白色生长线消失，颜色呈灰黑色，菌盖背面刚好出现针尖大小的菌孔时，即可采收，此时的子实体达七八分成熟。采摘灰树花时，一般使用锋利的小刀，将整朵灰树花子实体从基部割下，也可直接用手将灰树花轻轻地从菌棒上扭下。灰树花子实体朵形松散，叶片脆嫩易碎，采摘时应轻拿轻放，尽可能保持其完整性。采收的灰树花既可鲜销，又可采用烘干机烘干后保存，或进行盐渍加工。

（四）废菌料处理

灰树花栽培后产生的废菌料是农林作物较好的有机肥料，若栽培场地不需要连续生产，废菌料则无须特别处理，直接用于栽培农林作物，可获得较好的栽培效果。若栽培场地需要连续栽培灰树花，需在出菇完成后挖出废菌料，并撒一薄层石灰对场地进行消毒处理，方可进行下一季覆土栽培，挖出的废菌料可作为农林作物有机肥料，也可晒干作为燃料。

（五）灰树花的加工

灰树花复合多糖胶囊（图5-37）加工实例

（1）原料

灰树花、猴头菇、破壁灵芝孢子粉。

（2）工艺流程

原料处理→热水浸提→过滤→浓缩→脱蛋白→沉淀→离心分离→多糖提取、提纯→冷冻干燥→混合拌料→钴-60灭菌→填充胶囊→质检→包装。

（3）操作要点

原料处理：挑选优质的食用菌原材料分别洗净、烘干，用超微型粉碎机粉碎，过2 000目筛。灰树花、猴头菇干粉的比例为3∶1，用高速混合搅拌机混合均匀。

多糖提取：热水浸提法是多糖提取的传统方法。用水作为溶剂浸提多糖，在恒温水浴中回流浸提、过滤、浓缩、沉淀、离心、干燥，即得粗多糖。

多糖提纯：采取Sevage法、氧化脱色法和透析分别去除粗多糖中的蛋白质、色素和小分子杂质，然后利用柱层析法得到纯化多糖。

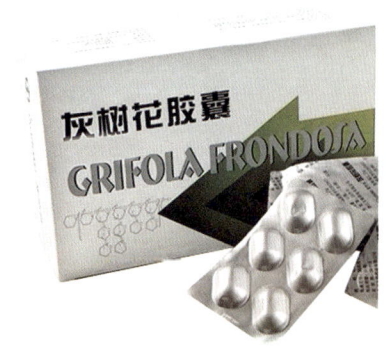

图5-37　灰树花胶囊

冷冻干燥：利用冷冻干燥机，对纯化多糖进行冷冻干燥，得到复合多糖精粉。

混合拌料：复合多糖精粉和破壁灵芝孢子粉的比例为3∶1，用高速混合搅拌机充分混合均匀。

填充胶囊：将复合粉末颗粒填充于淀粉胶囊壳中，每瓶60粒。

包装：进行产品包装，得到成型产品。

第四节　杏鲍菇

杏鲍菇（*Pleurotus eryngii*），又名刺芹侧耳，属真菌界、担子菌门、伞菌纲、伞菌目、侧耳科、侧耳属。其子实体呈棒状或球形，白色，脆嫩，有杏仁香味，因似鲍鱼的口感而得名。杏鲍菇在市场上十分畅销，是亚热带草原至干旱沙漠地区的一种特殊食用菌，素有"平菇王"和"草原上的美味牛肝菌"的美称。自然生长的杏鲍菇在春末夏初兼性寄生于大型伞形花科植物，如刺芹、阿魏等植物的根上和四周的土中，主要分布于欧洲西部、亚洲南部、地中海东部与南部区域，在我国主要分布于新疆、青海、四川等地。从不同地区及不同生境分离出来的或引进的杏鲍菇菌株，有不同的生物学特性，即有许多不同的生态型，在引种和栽培时应加以注意。湖南省食用菌研究所在 2008 年成功选育出了高产优质的杏鲍菇新品种"湘杏 98"，此后该品种在全国各地得以推广应用，一度成为我国杏鲍菇市场的优势产品。

最早在欧洲发现杏鲍菇野生种，于 20 世纪 50 年代成功进行人工驯化，但直至 20 世纪 90 年代杏鲍菇才引进到我国台湾、福建、广东一带。我国杏鲍菇工厂化栽培始于 2000 年以后，先是袋栽技术日益成熟，杏鲍菇单产从 200 g 增加到 500 g 仅用了 2～3 年的时间，随后，使用塑料瓶栽培技术，其机械操作性更强且产出的菇品质更优。尽管使用此方法生产的菇单产较低，但经重点攻关后，该技术终于在 2014 年取得突破。此后，该技术便迅速在国内广泛传播，最终形成了袋栽和瓶栽协同发展的局面。2007—2011 年是杏鲍菇工厂化企业发展的黄金时期。2012 年 6 月，杏鲍菇市场首次出现供过于求的现象，其后杏鲍菇的产量都存在生产过剩的情况，至 2015 年前后，大批杏鲍菇生产企业倒闭。随着市场上一批杏鲍菇生产企业被淘汰，杏鲍菇生产利润缓慢回升。

杏鲍菇具有单产高（袋栽单产超 500 g，瓶栽单产超 300 g），生产周期短（50 天左右），适于工厂化生产，产品便于运输、贮藏和销售等特点。2022 年，我国杏鲍菇产量达 151.55 万 t，居我国食用菌产量的第七位，目前，杏鲍菇已经成为我国食用菌的主要栽培品种之一。

一、生物学特性

（一）形态特征

杏鲍菇的子实体单生或群生，菌柄长 2～15 cm，粗 0.5～5 cm。菌柄是杏鲍菇的主要食用部位，目前生产上主要选用菌柄粗大、似球棒状的杏鲍菇品种，菌柄偏心生或侧生，菌盖宽 2～13 cm，有些工厂化生产的商品杏鲍菇菌盖发育不良，萎缩近似无菌盖，其实是较高二氧化碳浓度产生的畸形菇；杏鲍菇菌盖初呈拱圆形，后逐渐平展，成熟时中央浅凹至漏斗形，表面有丝状光泽，平滑、干燥，呈细纤维状，其幼时盖缘内卷，成熟后呈波浪状或深裂；菌肉为白色，具有杏仁味，无乳汁分泌；菌褶延生，密集，略宽，呈乳白色，边缘及两侧平，有小菌褶。孢子呈椭圆形至近纺锤形，大小为（9.58～12.50）μm×（5.00～6.25）μm，光滑，无色，孢子印为白色。

目前，主要的杏鲍菇品种有形似保龄球瓶状、棍棒状（圆柱状）和大盖状的三种。棍棒状杏鲍菇的子实体为白色，菌柄呈棍棒状，直径为3～5 cm，均匀、个大、组织致密、脆嫩、口感好、保质期长、价格高，但出菇速度较保龄球瓶状杏鲍菇慢，产量也较低；保龄球瓶状杏鲍菇的子实体为白色，菌柄中间膨大，上下较小，形似保龄球瓶状，此类杏鲍菇个体较大，产量较棍棒状杏鲍菇高，但组织疏松，为海绵质，脆度差，口感欠佳，保质期短；大盖状杏鲍菇的特点是子实体菌盖大、柄细，菌丝粗壮，抗病力强，现蕾早，出菇密而整齐，菇质结实，产量高，口感好，但保质期短。杏鲍菇属中低温型食用菌品种，生物转化率为70%～100%。

（二）生活习性

1. 营养

杏鲍菇是一种木腐菌，其分解木质素和纤维素的能力较强，需要丰富的碳源和氮源，氮源越丰富，菌丝生长越好，产量也越高。在栽培基料中添加棉籽壳、棉籽粉和玉米粉，可以提高杏鲍菇产量。杂木屑、棉籽壳、废棉渣、甘蔗渣、麦秆等均为杏鲍菇栽培的主要原料，麦麸、米糠、棉籽粉、玉米粉、石膏、碳酸钙、白糖等均为很好的杏鲍菇栽培辅助原料。

2. 温度

杏鲍菇菌丝生长温度范围是6～35℃，最适宜的温度是25℃左右；原基形成的最适温度是10～15℃；子实体发育的温度因菌株而异，一般适宜温度为15～22℃，但有的菌株的子实体发育最适温度为10～17℃。为了得到优质商品菇，一般采用低温育菇的方法，出菇阶段菇房温度应控制在19℃以下，否则随着温度升高，菇体会变得松软不坚实，甚至菇柄会因快速膨大出现空心现象。

3. 湿度

杏鲍菇耐干旱，但也需要水分。其菌丝生长阶段的培养料含水量以 60%～65% 为宜，空气相对湿度要求在 65% 左右，在子实体形成和发育阶段，空气相对湿度要求在 85%～95% 之间。出菇房空气相对湿度不能过高，否则易造成菇体发黄甚至出现水渍斑状，影响菇品质量，且易引起菇体软腐病及其他细菌性病害。

4. 空气

杏鲍菇的菌丝生长和子实体发育都需要新鲜空气，适当的氧气浓度是杏鲍菇生长发育必不可少的。但在菌丝生长阶段，菌袋中菌丝排出的二氧化碳会明显地刺激菌丝生长。原基形成阶段需要充足的氧气，二氧化碳浓度不宜偏高，否则会影响子实体的形成和发育，以致不出菇或出畸形菇；育菇阶段应适当提高二氧化碳浓度，二氧化碳浓度过低则会使菌柄不能有效伸长且菌柄变细小，严重影响鲜菇的产量和质量。

5. 光线

杏鲍菇菌丝生长阶段不需要光线。子实体形成和发育需要一定的散射光，一般为"八分阴二分阳"。

6. pH 值

杏鲍菇菌丝生长的最适 pH 值是 6.5～7.5，出菇时的最适 pH 值为 5.5～6.5。

二、栽培技术

我国杏鲍菇栽培始于 20 世纪 90 年代，栽培历史短，传统栽培时间更短，尚未形成成熟的传统栽培模式。我国杏鲍菇的传统栽培技术落后，产量低、品质差、效益低，迅速被工厂化栽培淘汰。目前，我国杏鲍菇工厂化生产以袋栽模式为主，瓶栽模式为辅，工厂化袋栽模式现已开发出较为完备的技术体系，并仍以较快速度向前推进。因此，本书仅介绍常规的杏鲍菇工厂化生产的袋栽模式。

（一）生产季节

杏鲍菇为生产周期短的低温型食用菌品种，其产量较为集中在第一批菇，十分适合工厂化生产。目前杏鲍菇绝大多数为工厂化周年生产，已经突破季节的限制。

（二）菌种生产

用 PDA 培养基或加富 PDA 培养基做一级菌种（母种），加富 PDA 培养基配方为：去皮马铃薯 200 g（煮汁）、麸皮 50 g（煮汁）、葡萄糖 20 g，琼脂 20 g，调至 pH 值为 7.5，制成培养基 1 000 mL。杏鲍菇通常用枝条菌种做二级菌种（原种）和三级菌种（栽培种）。杏鲍菇各级菌种生产方法可参照第四章"食用菌菌种生产技术"相关内容。一般在接种前 60 天生产一级菌种，前 50 天生产二级菌种，前 25 天生产三级菌种。有实力的杏鲍菇生产企业也可采用液体菌种。

（三）栽培方式

1. 高产配方

杏鲍菇工厂化生产对原料的需求量大，因此，主要原料价格的轻微变动，会显著影响企业的盈利能力。当原料价格大幅波动时，能否先一步找到合适的替代原料，几乎能决定一个企业的存亡。目前，我国一些成功的杏鲍菇生产企业都具有基于原料市场的动态生产配方体系，以下几个配方仅供参考，生产者应根据原料市场情况调整生产配方。

①杂木屑 65%、麦麸 20%、棉籽粉 13%、石灰 1%、碳酸钙粉 1%，含水量为 64%，拌料时调节 pH 值为 7.5～8，pH 值过低时可添加适量石灰调节；

②杂木屑 37%、棉籽壳 37%、麦麸 24%、石灰 1%、碳酸钙粉 1%，含水量为 64%，拌料时调节 pH 值为 7.5～8，pH 值过低时可添加适量石灰调节；

③棉籽壳 80%、麦麸 18%、石灰 1%、碳酸钙粉 1%，含水量为 64%，拌料时调节 pH 值为 7.5～8，pH 值过低时可添加适量石灰调节；

④杂木屑 34%、玉米芯 20%、豆秸 20%、麸皮 20%、玉米面 4%、石灰 1%、碳酸钙粉 1%，含水量为 64%，拌料时调节 pH 值为 7.5～8，pH 值过低时可添加适量石灰调节。

2. 拌料装袋

（1）拌料

杏鲍菇工厂化栽培一般采用机械拌料，杂木屑应在拌料的前 3～30 天进行预湿，棉籽壳、玉米芯、豆秸等应在拌料的前 1～2 天进行预湿。先进的拌料机械只需将各原料放入对应的进料桶，设定好配方比例，就能自动配制出合格的原料。常规的拌料机通过进料翻斗进料，一般先将主料用铲车初拌后（图5-38），再用铲车铲入进料翻斗（图5-39），然后将进料翻斗推入进料装置（图5-40）。该装置会自动将主料翻进拌料机的拌料槽内，辅料也按同样的方式加进拌料槽，最后边搅拌边调节水分含量及 pH 值。

图5-38　杏鲍菇生产中初拌后的主料　　图5-39　杏鲍菇生产中铲车将
　　　　　　　　　　　　　　　　　　　　　　　　　主料铲入进料翻斗

（2）装袋

杏鲍菇工厂化栽培一般采用机械装袋（图5-41），用宽 18 cm、长 36 cm、厚 0.004 cm 的聚丙烯塑料袋，每袋装干料 400 g，装袋时培养料要达到合适松紧度，袋口用套环封口。

 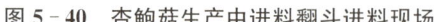 

图5-40　杏鲍菇生产中进料翻斗进料现场　　图5-41　杏鲍菇机械装袋

3. 灭菌

杏鲍菇工厂化栽培一般采用高压灭菌（图5-42）。将菌包放入高压灭菌器，排尽灭菌器内空气，采用 0.105～0.15 MPa，121～126℃，保温灭菌 3～4 小时，灭菌结束后，压力表指针自然降至"0"时，取出菌包移入冷却室（图5-43），待料温冷却至室温时备用。

图 5 - 42　杏鲍菇菌包高压灭菌　　　图 5 - 43　灭菌后菌包冷却

4. 接种

当袋内料温降至 30℃以下时，按无菌操作要求在接种室的接种箱内或净化接种区（图 5 - 44）进行一端接种。

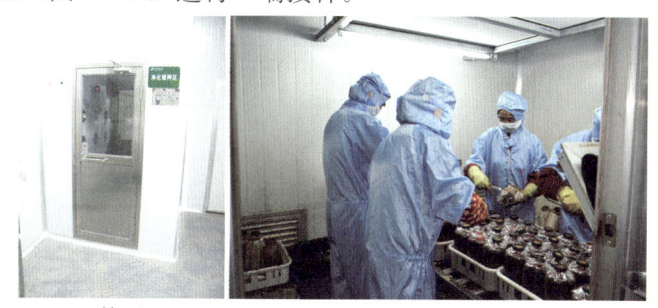

外观　　　　　　　　　　　　内观

图 5 - 44　净化接种区

5. 培菌

将接好种的菌包移入培菌室（图 5 - 45、图 5 - 46），保证菌袋无破损，袋包外表无污染。将培菌室温度控制在（24±1）℃，空气相对湿度控制在 60%～70%，避免光照，黑暗培养，经 25～30 天菌丝即可长满菌袋。培养好的杏鲍菇菌包见图 5 - 47。

图 5 - 45　培菌室外观　　　图 5 - 46　培菌室内观　　　图 5 - 47　培养好的杏鲍
　　　　　　　　　　　　　　　　　　　　　　　　　　　　　　　　　菇菌包

6. 出菇

将长满菌丝的杏鲍菇菌包移入出菇房进行出菇管理，出菇管理包括冷刺激、催蕾、育菇等环节。杏鲍菇工厂化出菇管理较为精细，需要以天为单位进行管理。

第1天（图5-48）：将菌包由培菌房移入出菇房，并放至出菇架上，清扫因搬运摆放菌包而撒落的干培养料（菌包外壁及袋口上粘连的也要清理），再用漂白粉水冲洗地面（消毒及增加空气相对湿度），温度控制在18～20℃，不给光，空气相对湿度不低于80%，只宜通过保持地面湿润提高空气相对湿度，通风控制二氧化碳浓度小于0.2%（体积比），进行适应性培养。

图5-48　出菇第1天出菇架及菌包

第2天（图5-49）：将温度控制在12～14℃，给予100～600 lx散射光照，出菇房空气相对湿度不低于80%（只宜通过保持地面湿润提高空气相对湿度），通风控制二氧化碳浓度小于0.2%（体积比），进行降温刺激。

图5-49　出菇第2天出菇架及菌包

第3天（图5-50）：经过24小时低温刺激后，将菌包温度调节至16～18℃，继续给予100～600 lx散射光照，保持空气相对湿度不低于80%（只宜通过保持地面湿润提高空气相对湿度），通风控制二氧化碳浓度小于

0.2%（体积比）。同时进行"拉角催蕾"，具体做法为：去掉菌包套环盖，一手按住袋口 1/4～3/4 部分，一手将袋口一角拉动 2～3 下，使袋口呈尖角状，保留套环，固定拉角形状。

图 5‑50　出菇第 3 天出菇架及菌包

　　第 4～5 天（图 5‑51、图 5‑52）：将温度保持在 16～18℃，光照、空气相对湿度、二氧化碳浓度条件控制同第 3 天。

图 5‑51　出菇第 4 天出菇架及菌包

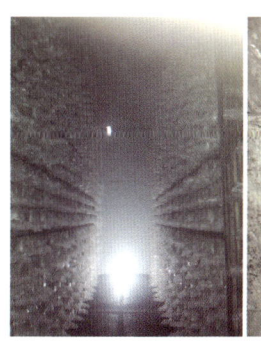

图 5‑52　出菇第 5 天出菇架及菌包

第6～7天（图5-53、图5-54）：调节温度至15～17℃，光照、空气相对湿度、二氧化碳浓度条件控制同第3天。

图5-53　出菇第6天出菇架及菌包

图5-54　出菇第7天出菇架及菌包

第8～13天（图5-55至图5-60）：将温度保持在15～17℃，停止给光，空气相对湿度不低于80%（只宜通过保持地面湿润提高空气相对湿度），控制二氧化碳浓度在0.2%～0.3%（体积比）。

图5-55　出菇第8天出菇架及菌包

图 5‑56　出菇第 9 天出菇架及菌包

图 5‑57　出菇第 10 天出菇架及菌包

图 5‑58　出菇第 11 天出菇架及菌包

图 5‒59　出菇第 12 天出菇架及菌包

图 5‒60　出菇第 13 天出菇架及菌包

第 14 天（图 5‒61）：根据菇蕾生长情况，当部分菇蕾长至套环处时，取掉套环，空气相对湿度不低于 85%，温度、光照、通风、二氧化碳浓度条件控制同第 8 天。

图 5‒61　出菇第 14 天出菇架及菌包

第 15 天 (图 5 - 62): 温度、光照、空气相对湿度、二氧化碳浓度条件控制同第 14 天。

图 5 - 62 出菇第 15 天出菇架及菌包

第 16 天 (图 5 - 63): 将温度控制在 14～16℃, 光照、空气相对湿度、二氧化碳浓度条件控制同第 15 天。

图 5 - 63 出菇第 16 天出菇架及菌包

第 17 天 (图 5 - 64): 进行疏蕾操作, 具体做法为, 根据菇蕾着生部位 (直接着生在培养料上, 不可留着生在袋壁上的蕾), 形态 (菇盖和菇柄比例适中), 长势 (长势旺), 市场对成品菇大小的喜好, 决定留 1 个、2 个或 3 个健壮菇蕾, 通常留 2 个蕾时总产量较高。修蕾时, 用专用疏蕾刀割下即可。如果菇蕾比较大, 可从蕾基部切下, 菇蕾可作为商品蕾出售。如果菇蕾比较小, 只需将菇盖割下, 菇蕾就会停止生长并变软萎缩, 小菇蕾中的营养会转移至商品菇。修蕾后, 应立即清扫地面上的碎菇渣, 再次用漂白粉水冲洗地面 (消毒及增加空气相对湿度)。将温度保持在 14～16℃, 光照、空气相对湿度、二氧化碳浓度条件控制同第 16 天。

图 5‑64　出菇第 17 天出菇架及菌包

　　第 18 天（图 5‑65）：将温度调节至 13～15℃，尽量保持出菇房黑暗，空气相对湿度不低于 85%，加强通风，控制二氧化碳浓度在 0.8%～1%（体积比）。由于菇体总量变大，尽管二氧化碳控制浓度增高，绝对通风量仍在变大。

图 5‑65　出菇第 18 天出菇架及菌包

　　第 19 天（图 5‑66）：将温度保持在 13～15℃，尽量保持出菇房黑暗，空气相对湿度不低于 85%，加强通风，控制二氧化碳浓度在 0.4%～0.5%（体积比）。

图 5‑66　出菇第 19 天出菇架及菌包

第 20 天（图 5 - 67）：将温度调节至 12～14℃，出菇房尽量保持黑暗，空气相对湿度、二氧化碳浓度条件控制同第 19 天。

图 5 - 67   出菇第 20 天出菇架及菌包

第 21 天（图 5 - 68）：第一次采收为抽采，应及时采收菌盖基本平展、边缘稍内卷呈铜锣边形的菇。采菇时应采大留小，应轻采，在不损伤子实体的前提下，将一个菌包上的子实体全部旋转采下。用转运筐将采收后的杏鲍菇转运至加工车间，及时削去菇脚、木屑和残余物，可鲜销或进行烘干、盐渍等加工处理。鲜销的菇宜进行打冷处理，将菇用塑料袋分装后，用周转筐放入打冷室，4～6℃保持 6～12 小时，然后加上外包装，转运至冷藏室储存或销售。温度、光照、空气相对湿度、二氧化碳浓度条件控制同第 20 天。

图 5 - 68   出菇第 21 天出菇架及菌包

第 22 天（图 5 - 69）：第二次采收为全采，应采收所有菇，若有少数菌包的菇太小应将菌包带菇一起转入其他生长进度相同的出菇房。若出菇房制冷、通风条件适宜，2 天即可将菇全部采收完毕。工厂化生产出菇房每多占用一天，都会有大笔能源费用支出，因此出菇整齐度是衡量工厂化生产技术和管理水平的重要指标。采收时应轻采，在不损伤子实体的前提下，将一个菌包上的子实体全部旋转采下，采收后的杏鲍菇用转运筐转运至加工车间，要及时削去菇脚、木屑和残余物，可鲜销或进行烘干、盐渍等加工处理。采收完毕后，当天就应组织清库，将所有出完菇的废菌包打包运离出菇房，并清扫地面的碎菇及废菌料，然后用高压水枪冲洗制冷设备内机、墙壁、出菇架及地面。清库完毕后，加强出菇房通风，2～3天后，待出菇房墙面、出菇架及地面变干燥，即可进入下一轮出菇生产。需特别注意的是，清完库后，不宜直接进入下一轮生产，尽管这样做可提高出菇房的利用率，但不利于出菇房长期运行的环境控制与保持。

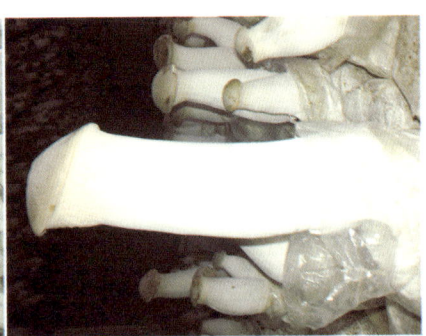

图 5-69　出菇第 22 天出菇架及菌包

（四）废菌料处理

杏鲍菇工厂化栽培会产生大量的废菌包。废菌包的塑料外袋，可回收加工成再生塑料。栽培过杏鲍菇的废菌渣中含有丰富的营养，可用来栽培平菇、双孢蘑菇、大球盖菇、草菇等，进一步提高资源利用率，也可作为原料制备肉牛、羊等的饲料，用废菌渣制备饲料的技术在我国上海、漳州等地已相当成熟。此外，废菌渣还可作为生产有机肥的原料。栽培过杏鲍菇的废菌渣还含有丰富的能量，可以制成生物质颗粒燃料。以上这些处理方式，都有成功案例，不同的杏鲍菇生产企业可根据自身情况，选择使用。

（五）杏鲍菇工厂化生产

杏鲍菇工厂化生产体系覆盖生物学、机械装备、环境控制、电子自动化、信息技术等多个学科，其复杂程度远超一般工业制造，投入资金动辄几千万元乃至几十亿元，如何才能做好杏鲍菇工厂化生产企业，可以从以下几个方面着手。

1. 熟练掌握现有杏鲍菇工厂化生产专用技术

现有杏鲍菇工厂化生产专用技术主要包括：基于原料市场的动态生产配方体系和多种原料预处理技术；多层次拌料、打包及灭菌技术；多种高效适用的菌种体系（我国杏鲍菇产业开发出麦粒菌种、麦料枝条菌种、木屑枝条菌种及液体菌种等多种高效适用的菌种体系）；精准高效的催蕾育菇技术；环保高效的菌糠利用技术（当前较成熟的杏鲍菇菌糠高效利用技术有菌糠二次种菇技术、菌糠生物有机肥技术、菌糠苗木基质技术、菌糠生物燃料技术及菌糠饲料技术）。

2. 将技术建立在科学数据上，向数字化食用菌要稳产

杏鲍菇工厂化生产，与传统食用菌栽培有着本质区别，是用工业的方法从事农业生产，生产体系覆盖生物学、机械装备、环境控制、电子自动化、信息技术等多个学科，其复杂程度远超一般工业制造。我国大多数杏鲍菇工厂化生产目前还停在初级阶段（机械化），与国外中高级阶段（自动化）还有一段距离。之所以难以快速进入自动化阶段，除因我国食用菌装备制造水平较落后外，还与我国工厂化从业人员，尤其是老一代技术人员学历普遍较低密切相关，这些人虽有较丰富的食用菌栽培经验，但大多只能凭着"眼看、手摸、口讲"进行生产管理，很难将自己的栽培经验用科学数据表达出来，对自动化生产新技术、新设备的接收和掌握就更困难了，往往是"菇随人走"，生产很难稳定，从而增加了企业经营的风险。未来，企业要意识到用科学数据承载技术的重要性，不断提高企业技术数据积累，真正实现由"经验食用菌"向"数字化食用菌"转变，企业才能长久稳定生产。

3. 加强企业管理，以系统工程理念提高企业整体竞争力

近几年，大多数杏鲍菇企业都在压缩产能，处于微利或亏本状态，也有少数企业运营良好。这些运营状况好的企业有一些共同特征，即管理高效，各环节衔接紧密，运行通畅，整体竞争力强。多数企业习惯将杏鲍菇工厂化生产等同于杏鲍菇工厂化生产技术，将企业亏损原因简单归结为技术员技术差，忽略工厂化生产成功除需要好的生产技术外，还需做好以下多个系统：一是生产支撑系统，只有原料质量稳定、各生产设备质量达标且维护正常，杏鲍菇工厂化生产才能稳定进行；二是生产技术执行监督系统，细节决定杏鲍菇工厂化生产的成败，只有技术执行和监督到位，杏鲍菇工厂化生产才能有序进行；三是菇品销售系统，杏鲍菇工厂化生产的资金占用量大，生产连续性强，产品源源不断进入市场，调节反应时间长达60天左右，因此其销售系统必须时刻保持快捷高效，才能确保企业资金链牢固；四是成本核算控制系统，杏鲍菇工厂化生产涉及大量生产资料和众多劳动者，由多个环节组成，因此必须做好各环节的成本核算，严格控制成本，并及时根据市场行情进行生产调整，才能确保杏鲍菇工厂化生产整个大系统获利。事实表明，在杏鲍菇行情好时，企业可以"一招鲜，吃遍天"，以企业某一系统的成功获得一时的整体成功，而想要长久地运营好杏鲍菇工厂化生产企业，只有不断加强管理，强化系统工程管理水平，提高企业整体竞争力，才可能获得持续成功。

4. 加强杏鲍菇瓶栽技术研究

杏鲍菇瓶栽更易实现自动化和智能化，且产品质量更优。瓶栽可能是我国杏鲍菇工厂化发展的优势模式，但目前瓶栽的单产仍比袋栽的低40%左右，提高瓶栽单产仍是今后瓶栽技术攻关的关键。目前杏鲍菇工厂化栽培只采收一次菇，生物转化率约为90%，出菇后的废菌渣中残存的菌体还相当丰富。因此，提升杏鲍菇二次出菇技术将是杏鲍菇栽培高产高效的重要方向。

5. 推动杏鲍菇栽培向"三型"农业方向发展

杏鲍菇已成为我国食用菌生产的后发优势品种，也已成为普通老百姓广为青睐的产品。目前生产原料成本较高，各地可根据当地原料来源做到就地取材，尽量减少小麦、麸皮、玉米粉、豆粕等粮食饲料的使用量，向无粮化方向发展，今后应继续优化工艺，有效降低生产成本。另外，加强杏鲍菇生产机械小型化方向的发展，通过简化生产操作，节约劳动用工，减少大型高能耗设备的使用，节约用电，有效降低能耗指标，推动杏鲍菇栽培向资源节约型、环境友好型和生态保育型方向发展。

（六）杏鲍菇的加工

1. 杏鲍菇速溶即食营养麦片加工实例

（1）工艺流程

大麦→清理杂质→淘洗→浸泡→配料→分装→灭菌→接种→培养→破碎→烘干→粉碎→温水（35℃）搅拌→胶磨→糖化、预糊化→蒸汽增温→辊筒干燥→造粒→热风干燥→收集包装。

（2）操作要点

母种制作：同常规。

原种和固体培养料制备：大麦仁要求籽粒饱满，无破损霉变。清理杂质后淘洗，浸泡6～10小时（视温度而定），取出沥去水分，称重，含水量约为42%。拌入食用级碳酸钙粉末，pH值自然，装入瓶或袋中，于0.14～0.15 MPa压力下灭菌2小时。

接种：按无菌操作进行。

培养：于25℃左右适温培养，10～15天（视培养袋中料的多少而定）即可发满，菌丝浓白旺盛。继续培养3～5天，原种即可使用。固体培养物需挖出，掰碎，于60～70℃烘干待用。

糖化、预糊化：温度高达140℃，原料中的淀粉等大分子物质被降解、糊化，杏鲍菇菌丝体被灭活，再经过后续工序，最终形成冲调性甚好，并具有良好色泽和口感的速溶即食营养麦片。

造粒：造粒是一道复合工序，包含添加辅助原料和成型。辅料为奶粉、糖及不同的食品添加剂，用以改善麦片的品质，去除多余的苦杏仁味，达到美味可口的效果。杏鲍菇速溶即食营养麦片的最终产品为4～8目的薄片。

2. 杏鲍菇盐渍食品（图5-70）加工实例

（1）工艺流程

清洗→漂洗→切块→杀青→冷却→初步盐渍→再次盐渍→饱和盐渍→熬制汤汁→腌制。

（2）操作要点

清洗：取新采摘的杏鲍菇一份，去蒂，清洗去杂。

漂洗：将清洗后的杏鲍菇，加入一定浓度的柠檬酸溶液，以淹没杏鲍菇为宜，再进行搅拌、浸泡，捞出杏鲍菇，重复一次后，漂洗结束。

切块：将漂洗后的杏鲍菇切成小块或小条状，备用。

杀青：在不锈钢煮锅内，加入150～300重量份的水，再加入适量精制盐制成浓度为7%～12%的盐水，加热至95～100℃后，加入切块的杏鲍菇，维持盐水温度在95℃以上，不断搅拌，持续5～20分钟后，杀青结束。

冷却：将杀青后的杏鲍菇，迅速置于3～8℃的清水中浸泡15～30分钟，至杏鲍菇完全冷却为止，捞出杏鲍菇，沥干。

初步盐渍：在大缸内加入适量精制盐，以及100～300重量份的沸水，搅拌溶解均匀，制成浓度为12%～15%的盐水，待盐水冷却后再加入冷却沥干的杏鲍菇，搅拌后浸泡48～96小时，捞出杏鲍

图5-70　红油杏鲍菇

菇并沥干。

再次盐渍：在大缸内加入适量精制盐和 100～300 重量份的沸水，搅拌溶解均匀，制成浓度为 15%～18% 的盐水，待盐水冷却后再加入初步盐渍沥干后的杏鲍菇，搅拌后浸泡 3～6 天，捞出杏鲍菇并沥干。

饱和盐渍：在大缸内加入适量精制盐和 100～300 重量份的沸水，搅拌溶解均匀，制成浓度为 23%～25% 的饱和盐水，待盐水冷却后再加入再次盐渍沥干后的杏鲍菇，搅拌后浸泡 4～8 天后，捞出杏鲍菇并沥干。

熬制汤汁：在煮锅内分别加入猪大骨和水，用大火烧开，转中火 120～180 分钟后，再分别加入火腿、当归、黄芪、茯苓、柠檬草、八角、香叶、桂皮、小茴香、花椒，小火熬制 60～120 分钟，至汤汁浓缩成开中火前体积的 10%～30% 时停止，最后滤出汤汁备用。

腌制：将饱和盐渍沥干后的杏鲍菇入坛，并加入熬制的汤汁，以及泡椒、生姜、大蒜、山茶油，搅拌均匀，再以荷叶盖在液面上，并用石块轻压荷叶，封坛保存 10～30 天，腌制完成，得到盐渍腌制的杏鲍菇，再分装小瓶。

3. 杏鲍菇干品（图 5 - 71）加工实例

（1）工艺流程

原料的挑选、清洗→切分→热烫、冷却→护色、沥干→热风干燥→微波真空干燥→冷却、包装、贮藏。

（2）操作要点

原料的挑选、清洗：选择大小均匀、色泽一致、完整无损伤、新鲜无腐烂的杏鲍菇为原料，用清水将原料清洗干净。

切分：将原料纵向切成厚度为宜的长条状菇片。

热烫、冷却：用热水对杏鲍菇进行热烫处理，热烫完后立即进行冷却。

护色、沥干：采用复合护色液（维生素 C 含量 0.05%～0.15%，柠檬酸含量 0.10%～0.30%，植酸含量 0.05%～

图 5 - 71　杏鲍菇干品

0.15%，半胱氨酸含量 0.06%～0.10%，其余为纯净水）对冷却的杏鲍菇进行无硫护色处理，护色时间为 0.5～1.0 小时，取出沥干。

热风干燥：将护色后的杏鲍菇放入热风干燥机中进行前期热风干燥脱

水，得到半干品。

微波真空干燥：将半干品放入微波真空干燥机中进行微波真空干燥，得到最终产品。

冷却、包装、贮藏：产品冷却后进行真空包装，置于4～5℃的冷库中贮藏。

第五节　灵　芝

灵芝（*Ganoderma lucidum*）属真菌界、担子菌门、伞菌纲、多孔菌目、多孔菌料，俗称为红芝、赤芝、仙草，是灵芝属中几个种的统称，主要有赤芝、黑芝、紫芝、黄芝、白芝等。我国灵芝的野生资源主要分布于湖南、湖北、江西、安徽、广西、云南、贵州、四川等省，常见于夏秋季山区或丘陵区枯死的阔叶树木、树苑上。

灵芝是我国传统的名贵中药材，近年来我国许多省市已将灵芝列为药食兼用食品。灵芝质地硬实，木性质，味苦，性温，具有治疗咽喉炎、鼻炎、支气管炎等慢性病的作用，对皮炎、肝炎、肾盂肾炎等有一定疗效，对护肝、养肝及食物中毒的解毒有明显效果，对美容护肤、增强身体机能、延年益寿都有一定功效。现代医学研究表明，灵芝提取物中灵芝多糖、三萜类成分等具有抗肿瘤、调节免疫、减轻放射性损伤和化疗药损伤、抗氧化、消除自由基等功效。

灵芝是高温型食用菌，主要生产原料为杂木屑、玉米芯、花生壳、莲子壳、棉籽壳等，原料来源广，生产周期短，一般为4～6个月，目前多采用塑料大棚生产，适合我国南方农村栽培，特别是偏远山区，可充分发挥当地原材料、劳动力等资源优势。灵芝栽培是我国乡村振兴、开发地方特色产品的优势项目。

一、生物学特性

（一）形态特征

灵芝分菌丝体和子实体两部分。

灵芝菌丝体呈白色，粗壮，在PDA培养基上呈绒毛状，气生菌丝浓密，为白色，后期菌丝易扭结形成一层菌皮，在菌皮表面可见浅褐色绒毛状菌丝，并分泌出棕褐色液滴而形成褐色色斑。

灵芝子实体由菌盖、菌柄等组成。菌盖下面（腹面）分布有似蜂窝状的菌管，菌管初期为白色，后变为棕褐色至棕绿色。菌盖呈扇形、贝壳状，边缘白色，后变为棕褐色，随着生长期延长，菌盖边缘不断长出白色肉质边，形成似年轮状的圈。菌盖表面附着孢子，形成孢子粉层，孢子呈棕褐色，孢子从菌管中弹射出来，形成烟雾，易随风飘散开来。菌盖中间厚而边缘渐薄，一般盖径可达 8～15 cm，盖厚可达 1～2 cm。如果培养条件适宜，养分充足，菌盖边缘会不断分化出白色菌肉，经 3～4 个月培养可长成大型灵芝朵，直径可达 30～50 cm，重 3～4 kg。灵芝菌柄一般较短，柄初期为浅黄色或浅白色，后期变为棕褐色，具漆样光泽，光滑。近年来，我们筛选出了产孢子粉量高的新优菌株"湖南1号"。

（二）生活习性

灵芝生长发育所需的碳源主要是淀粉、葡萄糖或蔗糖、果糖、麦芽糖等，在母种培养基中主要是用马铃薯提供淀粉，马铃薯还可以提供钙、镁、硫、磷等矿物质及多种维生素。氮源主要是蛋白胨和牛肉膏等。在栽培基质中，碳源主要有杂木屑、玉米芯、莲子壳和葵花籽壳等，氮源主要有麸、米糠，还需添加少量的石膏粉、过磷酸钙、石灰等矿物资源。

在灵芝菌丝体生长发育阶段，碳氮比以 40：1 为宜，而在子实体生长发育阶段，碳氮比以（30～40）：1 为宜。通常在生产中，栽培基质中麦麸的用量以 20％以下为宜，氮素过多时，菌丝会出现徒长，菌丝结皮，甚至只长菌丝而不出芝的现象，易引起霉菌感染；氮素过低时，菌丝生长缓慢，生产周期延长，子实体生长发育慢，灵芝产量低等。

1. 温度

灵芝属高温型食用菌，菌丝在生长发育阶段，温度以 24～26℃ 最佳，在 5～30℃ 范围内菌丝都能生长。低于 15℃ 时菌丝生长缓慢，但菌丝浓密、粗壮，高于 26℃ 时菌丝生长快但纤细，超过 30℃ 时菌丝生长会转慢，且易感染杂菌。子实体生长发育阶段需要的温度为 25℃ 以上，以 28～32℃ 为佳。低于 25℃ 时子实体停止生长；超过 25℃ 时，菌蕾开始分化；但若突遇气温下降，低于 22℃ 时，菌蕾会受冷冻致死，即使后期温度回升，也不会恢复活性，只能再次催蕾；超过 35℃ 的高温时子实体停止生长，孢子粉弹射少，引起减产，从而影响经济效益。

2. 湿度

灵芝培养基含水量以 55％～65％ 为宜；低于 55％ 时，菌丝生长缓慢，菌丝生长稀疏细弱，易出现衰老而变为浅黄色，最终会影响出芝和产量；超过65%时，由于基质通气不良、氧气不充足，菌丝生长缓慢，菌丝细弱无力，同样会引起产量和效益降低。培菌期空气相对湿度以60%～75%为宜，空气相对湿度过低时，空气干燥，菌丝生长缓慢，特别是菌袋接种后菌种萌发期，菌种萌发慢、活力弱，常易出现菌种干死的情况，须再补种。在子实体生长发育阶段，基质含水量应达到65%～70%。出芝前，通常须提高覆土层含水量达70%，以促进菌丝体由营养生长向生殖生长方向转变，提供充足的水分。将空气相对湿度提高到85%～95%之间，保持空气湿度高于85%，菌盖边缘可以不断长出白色菌肉来，菌盖呈年轮式不断增大，同样，菌管会不断弹射出孢子。若空气湿度低，会使菌盖边缘变得枯黄，菌盖生长受阻，菌盖薄、个体小，孢子弹射减少，引起产量和效益下降。但也应注意，高温高湿状态下，菌种易感染杂菌，应加强通风处理。

3. 氧气和二氧化碳

灵芝是好气性真菌，其生长需氧气，同时会排出二氧化碳。若空气中氧气不足，二氧化碳过量，则菌丝生长缓慢。在菌丝生长发育阶段，二氧化碳含量在3%～5%之间为宜；在子实体生长发育阶段，二氧化碳含量应低于0.1%，二氧化碳过高时，子实体分化受阻，易造成畸形芝、无盖芝、长柄芝、少孢芝或无孢芝等。灵芝对二氧化碳特别敏感，空气中二氧化碳浓度为1%以上时会诱导菌柄伸长，且菌盖不易分化而形成多分枝的无盖灵芝，应用这一特性可种植出造型各异的灵芝活体盆景。二氧化碳浓度高时，菌管口闭合，孢子弹射受阻。因此，加强通风透气，保持空气新鲜，控制二氧化碳含量是影响灵芝产孢子量的重要措施。

4. 光照

灵芝菌丝生长发育阶段不需要光线，在完全黑暗的条件下可以正常生长发育，100 lx以下的散射光不会对菌丝生长产生影响，但光照过强会使菌丝生长缓慢，易老化发黄。子实体生长发育阶段需要有适当的散射光，以200～400 lx光照强度为佳，光照不足会使菌蕾分化不良，菌盖白色边缘分化缓慢，进而使个体发育不良，影响产量和品质。同样，光照过强也会使菌蕾分化缓慢而影响灵芝产量和品质。灵芝子实体生长有较强的向光性，光诱导子实体分化而使得子实体倒向光照一侧，因此定向的光诱导能使子实体朵形圆整美观，不定向的光诱导会使菌盖边缘呈不规则齿状，甚至多次分化形成多柄畸形芝。在灵芝活体艺术造型培育时，常采用变向光诱导等使灵芝多次分化，产生特殊造型。

5. 酸碱度

灵芝属偏酸性或弱酸性菌类。在菌丝生长发育阶段，培养基中 pH 值以 5.5～6.5 为宜。通常栽培基质中不需要添加石灰，pH 值自然即可。在子实体生长发育阶段，以 pH 值 5～6 为宜，通常在生产上使用适量石灰消毒不会影响出芝。

6. 土壤

覆土有利于灵芝出芝，但不覆土也能正常出芝。通常覆土可促进菌丝扭结、菌蕾分化，为子实体生长发育提供充足水分。同时，覆土后菌丝与土壤有机结合可培育出较大个体的灵芝。

二、栽培技术

（一）生产季节

目前我国灵芝栽培主要有短段木栽培和代料栽培两种。短段木栽培在我国南方，一般在 11—12 月制棒，冬春季低温发菌，次年 4 月底至 5 月初开袋出芝，5 月至 9 月上旬进行出芝管理，其间在 7—8 月进行产孢期管理，9 月初采收完，生产周期为 270～300 天。代料栽培在我国南方，一般在 1—3 月制袋，培菌管理约 2 个月，3 月中下旬开袋出芝，4 月上旬至 9 月上旬进行出芝管理，可采收两潮芝，生产周期为 180～200 天。

（二）灵芝菌棒（袋）制作

1. 短段木菌棒制作

（1）段木的选取与处理

立冬后选取阔叶树或果树的枝丫材作段木，常用的有壳斗科树木、枫香树、油桐树以及桃、李、桑的树枝等。砍伐后自然晾干 15 天左右后，将其锯成 15 cm 长的短段木，对于粗大的树干（直径超过 15 cm）需劈开成 2～3 块。粗细不一的枝丫材全都可用。

（2）菌棒制作

制作前 2 天，将短段木于石灰水（浓度 1% 左右）中浸泡 16～20 小时，让段木吸足水分。木块中心浸湿透无干心，取出沥去余水，将粗细不一的木块用纤维绳捆扎好，装入专用塑料袋内，袋为宽 18～20 cm、长 30～33 cm、厚 0.005 cm 的聚乙烯或聚丙烯塑料袋，木块之间用少量的杂木屑填充，用双套环封口，要求将菌材捆紧，中间用木屑填充至无明显空隙，木捆外光滑松软，以免刺破袋子，菌棒直径 11～13 cm，重量 1.1～1.3 kg，高 15～18 cm。

（3）灭菌消毒

采用常压灭菌，100℃高温保持 10～14 小时，或采用高压灭菌，额定压力为 0.14 MPa，121℃高温灭菌 90 分钟。常压灭菌时间长，温度较低，原料中养分损耗低，一般多选用聚乙烯塑料袋，破袋率低。高温灭菌宜选用耐高温的聚丙烯塑料袋，其质地硬脆不易破袋。

（4）接种

采用无菌室或接种箱、超净工作台进行无菌操作接种，待灭菌好的菌棒冷却至 30℃以下后，移入接种室，要求选用合格的菌种，剔除感染杂菌和老化、酸化变质的菌种，所用的菌种、接种工具，以及操作人员均要做好消毒处理。接种量为 15～25 g/袋。

2. 代料栽培的菌袋制作

（1）原料选择与处理

常用的原料分主料和辅料，主料有杂木屑、棉籽壳、甘蔗渣、莲子壳、葵花籽壳、玉米芯，以及高粱、大豆、玉米等的秸秆，粉碎成粒径为 3～5 mm 的颗粒或 0.5～2.0 cm 长的小块，晒干后存放于干燥处。杂木屑一般堆放于室外，加水发酵 30 天左右，有利于剔除木屑内的油脂类、芳香类物质，同时还可以使木屑变得松软，改善其吸水性和通气性。其他物料均要求干燥，避免受潮发霉变质。辅料有麦麸、米糠、玉米粉、豆粕、石灰、石膏粉、过磷酸钙等，其中麦麸、米糠、玉米粉、豆粕等含氮量高的原料要干燥、新鲜、无霉、无杂质、无异味、无结块。

（2）栽培基质配制

培养基配方参考如下：

①杂木屑 78%，麦麸或米糠 20%，石膏粉 1%，过磷酸钙 1%；

②莲子壳 60%，杂木屑 20%，麦麸 15%，玉米粉 3%，石膏粉 1%，石灰 1%；

③玉米芯 30%，杂木屑 30%，莲子壳 20%，麦麸 15%，豆粕 3%，石膏粉 1%，过磷酸钙 1%；

④棉籽壳 20%，杂木屑 30%，葵花籽壳 30%，麦麸或米糠 15%，玉米粉 3%，石膏粉 1%，石灰 1%；

⑤杂木屑 40%，豆秆粉 20%，棉籽壳 20%，麦麸或米糠 15%，豆粕 3%，石膏粉 1%，过磷酸钙 1%；

⑥棉籽壳 60%，玉米芯 20%，麦麸或米糠 15%，玉米粉 3%，石膏粉 1%，石灰 1%；

⑦杂木屑 60%，甘蔗渣 20%，麦麸或米糠 15%，玉米粉 3%，石膏粉 1%，石灰 1%；

⑧杂木屑 40%，豆秆粉 20%，高粱秆 20%，麦麸或米糠 15%，豆粕 3%，石膏粉 1%，石灰 1%；

⑨玉米芯 30%，莲子壳 30%，甘蔗渣 20%，麦麸或米糠 15%，豆粕 3%，石膏粉 1%，石灰 1%。

各地可遵循取材方便、经济适用的原则选用以上配方，由于各原料物理结构、质地及吸水性、通气性的差异大，在配制基质时，要求颗粒大小混配合理，质地硬实与松软适当，尽量做到颗粒结构优，吸水性、通气性好，触感松软等。

基质配制：任选以上一种配方的基质，为提高原料的吸水性，通常将原料经暴晒后，主料提前 1 天预湿，将所需原料加水搅拌后建堆发酵过夜。第 2 天再将麦麸、米糠、豆粕、玉米粉等含氮量高的辅料加入后充分搅拌均匀，检测 pH 值在 6～7 之间。配制好的基质吸水足且均匀，含水量在 60%～65% 之间，质地松软，通气性好。配好料后要尽快装袋，不能让料堆放过久而酸化变质，常温（20℃）下要求 2～3 小时内完成装袋。

（3）菌袋制作

塑料袋规格：使用宽 17～20 cm、长 30～33 cm、厚 0.005 cm 的聚丙烯或聚乙烯专用塑料袋。使用人工或机械装袋，要求装料坚实均匀，无明显空隙，袋口整平，袋口用双套环封口。装好料后，要将料袋外表、套环及套环口上等处抹洗干净。装好料的料袋重 1.1～1.3 kg，长度 20～23 cm，直径 11～13 cm。整个装袋操作应遵循及时、快速、轻便、高效的原则，操作人员应熟练掌握操作工艺与技术流程，要求做好岗前培训，严格执行操作技术规程，全程进行质量标准的检验、检测、检查与监督。

（4）料袋的灭菌消毒

装好的料袋应在 2～3 小时内进行灭菌消毒。在密封条件下，基质会因产生较强的生物发酵作用而使装好的料袋快速升温，导致菌袋发热而使基质酸化变质。灭菌常采用高压灭菌法或常压灭菌法。高压灭菌采用 0.14 MPa 的额定压力 121℃，灭菌 90 分钟。常压灭菌采用 100℃ 温度，保持 10～14 小时。灭好菌的料袋应慢慢降温，采取缓开门、慢排气的方法，有利于料袋延长保温时间，增强灭菌效果，也能防止因快速开门降温产生蒸汽冷凝水淤积在料袋口而导致接种后感染杂菌。灭菌要求操作人员持证上岗，做好岗位技术培训，并建立健全质量安全管理机制，严格执行对质量安全的检验、检测、检查与监督，同时应做好废汽回收、废水排放、废气处理，做到绿色环保、安全高效。

（5）接种

接种应严格按照无菌要求操作，要求接种室达到万级净化条件，接种箱或接种台达到千级净化条件，接种人员做好个人卫生，接种前要求洗手，穿工作服、戴好帽子、口罩、手套，并进行风淋、更衣。人员应从消毒净化人流通道进出，要求菌种不带杂菌、人手不带杂菌、接种工具严格消毒，尽量减少人手直接接触菌种、料袋的次数，尽量简化操作流程，减少料袋转移和震动，操作人员在整个接种过程中应做到熟练、轻简、快捷。接种量为每袋用颗粒菌种 20～25 g，或液体菌种 25 mL 左右。

（三）培菌管理

1. 培菌设施

（1）培菌室

培菌室要求清洁、保温、干燥、恒湿、暗光等，应做好环境卫生，要求无空气污染，空气通畅、空气清新，远离农药、化工及垃圾等污染源。培菌室一般高度为 3 m 以上，面积 50 m² 以上，可采用环保型板房或由老旧、闲置的房屋改造，宜建成东西向，在南北向开通风对流窗。培菌室内应安装紫外线消毒灯、电子灭虫灯，窗外应安装防鼠、防虫网，有条件的可安装新风系统，保证空气质量安全。

（2）培养架

通常采用铁架、竹木架做成 6～8 层的层架，宽 90～110 cm，层高 30 cm 左右，架高一般 2.3 m 左右。架子之间须用铁丝捆扎紧，固定连接成整体，牢固稳妥，便于摆放和操作。目前工厂化生产的菌包厂采用便于流水线转运的专用培养架，层架多为 4 层铁架或不锈钢架，层高 30 cm，宽 90 cm。

（3）塑料大棚

常建成保温连栋塑料大棚或改造老旧的蔬菜大棚，要求保温、保湿、暗光、干燥，可采用聚乙烯黑白双面膜（立得膜）等塑料薄膜，或采用"塑料薄膜＋遮阳网"双层模式。棚内要求通风透气好，空气清新，地面干燥。四周应开好排水沟，不能漏雨、积水，严防水淹，有条件的可安装培养架。加温、保温等设施，棚外安装杀虫灯，棚外排水沟应无积水、农药、垃圾等虫源、杂菌源。

（4）培养筐

常采用耐高温塑料筐，便于摆放和转运。筐规格为宽 37～42 cm，长 48～52 cm，边高 7 cm 左右，边上缘外卷 1 cm。一般为 12 袋装长方形筐或 16 袋装正方形筐，筐底开 3～4 排孔，筐边一排孔径为 2 cm 左右的正方形孔。培养筐使用前后都要进行消毒处理，常用 84 消毒液（200 倍）浸泡 12～16 小时后再用清水冲洗干净。

2. 培菌管理

灵芝菌丝体生长发育过程是真菌发酵培养的过程，在培菌期须提供新鲜空气（氧气）并排出二氧化碳废气，同时会产生生物热辐射。因此，培菌管理须对环境因子（温度、湿度、光照、氧气）进行动态调控和综合调控。培菌管理时，通常将培菌期分为菌种萌发期、发菌前期、菌丝快速生长期及后熟培养期等阶段。

（1）菌种萌发期

刚接好菌种的菌棒（袋）菌种需要 3～5 天才能萌发，应进行加温保湿培养。冬春季节气温和湿度低，通常气温低于 15℃时应采取加温与覆盖薄膜保温措施。同时，须采取保湿措施，空气相对湿度应保持在 70%～75% 之间，可在培养室内摆放水盆，门窗挂湿布条以增湿。菌种萌发期呼吸代谢弱，不宜随意翻动，也不必开门窗和掀开薄膜进行通风换气，3～5 天后可查看菌种萌发情况。约一周时间，待菌种萌发吃料后可掀开薄膜进行通风换气。培菌 10～15 天可检查一次菌种萌发情况，若菌种未萌发，则需要分析原因并进行补种。通常菌种萌发差伴随着杂菌感染的风险增加，因此应在培菌 3～5 天后对培养室喷洒 84 消毒液或 1% 的高锰酸钾水进行消毒。

（2）发菌前期（缓慢生长期）

在发菌前期，一是要加温保湿，通常加温同时可采取覆盖薄膜保湿措施，保持室内温度升至 22℃以上；二是定时检查菌丝生长情况及杂菌污染情况，当菌生长在袋口表面已形成菌种生长圈后，菌袋口会出现露水状细雾水滴，此时应将空气相对湿度调整至 70% 以下，否则会引起杂菌污染；三是加强通风换气，每天开门窗，掀开薄膜进行一次通风透气，每次时间约 15 分钟；四是定期消毒，每隔 7～10 天进行一次空气消毒，发现杂菌要增加消毒液浓度和消毒次数，另在室内放置 2～3 盆石灰块，可起到吸潮和杀菌作用。

（3）菌丝快速生长期

经20天的发菌后，菌丝已长到2～3 cm，可见到袋内菌丝变得浓密粗壮，表明菌丝已进入快速生长期，每天生长量可达2～3 mm。在菌丝快速生长期，一是要定期通风换气，每天通风换气1～2次，每次20～30分钟，保持空气新鲜，控制二氧化碳浓度在3％以下。二是定期翻包，一般当菌丝长到5 cm以上时，可进行第一次翻包，结合翻包全面检查菌丝生长情况和杂菌污染情况，发现杂菌及时剔除，通过翻动将发菌慢的菌包调换到上层或外层，翻包当天要进行一次空气消毒处理，其间须翻包3～4次，促进菌丝生长整齐一致。若发现菌丝生长缓慢，菌丝先端钝化，菌丝因缺氧而发黄时应及时翻动。三是保持空气干燥，控制空气相对湿度在70％以下。四是控温培菌，在菌丝快速生长期，应控制培养室内温度在23℃以下，略低于菌丝生长适温的2～3℃有利于菌丝生长，能使菌丝更为粗壮、浓密、洁白，增强菌丝生长活力，同时也能有效降低杂菌污染。五是注意烧包，春季气温升高，特别是塑料大棚受太阳光照射升温快，菌丝生长加快释放生物热也随之加大，加之通风换气不及时，菌包温度往往会快速升至30℃以上，出现烧包现象。烧包后菌丝受伤发黄，生命力下降，抗性下降，菌丝恢复慢，易引起杂菌污染，对菌丝生长产生很大影响，甚至会严重影响栽培的产量和效益。

（4）后熟培养期

当菌丝长满袋，先端菌丝已长到底时，须进行15天左右的后熟培养，目的是让菌丝长入基质，促进基内菌丝健壮生长。成熟的菌袋标准是菌袋表面菌丝浓密粗壮，有褐色斑，袋口有黄褐色液滴，基内菌丝粗壮浓密，有时菌棒（木）断面可见米粒大小的原基疙瘩。此时，应调控室温为24～26℃，每天通风换气两次，每次30分钟左右，定期查看菌丝长势。同时应及时散包以防高温烧包，避免菌包摆放过挤，通透性差，散热慢影响菌丝生长发育。

（四）灵芝代料栽培出芝管理

灵芝代料栽培菌袋经40天以上培菌，菌丝已长满全袋，再经10～15天的后熟培养，菌丝已达到生理成熟，可开袋出芝，进入出芝管理期。根据灵芝子实体生长发育条件要求，须做好以下几点。

1. 开袋

当菌袋的菌丝已生长成熟，表面菌丝浓密粗壮，袋口上已开始出现白色的原基时，进行开袋出芝。开袋方法：取掉套环，剪平套环上口，袋肩以上保留 3～4 cm 高，便于现蕾；开袋时要对菌袋进行消毒处理，通常可用 84 消毒液（200 倍）或 0.1％高锰酸钾水浸泡，开袋后向袋口喷一遍消毒液。

2. 埋土

将菌袋开口后移入出芝棚（室），埋入土中 10～12 cm 深，露出袋上部 5 cm 左右，菌袋之间距离为 20 cm 左右，每畦可排放 5～6 行菌包，埋土后要盖上薄膜，再进行催蕾。

3. 催蕾

埋土后，当气温达到 24～26℃时，经 5～7 天菌丝恢复生长。此时，菌袋口上部及口上可见菌丝变得粗壮浓密，应进行保温保湿催蕾。催蕾时保持棚内温度为 25～28℃，空气相对湿度为 85％～90％。特别注意在现蕾后突然降温，若气温低于 25℃，应加厚保温膜，少开门窗，同时每天定期掀开薄膜喷水保湿。

4. 第一潮芝管理

灵芝代料栽培一般可采收到两潮芝，第一潮芝个体圆整，出芝整齐，质量较好，袋单产为 100 g 左右，约占总产量的 70％。因此，第一潮芝管理至关重要，应抓好以下几点。

（1）幼芝保温

幼芝的芝柄和芝盖已分化成形，芝柄长 5～8 cm，盖径 3～5 cm，从幼蕾分化至幼芝形成一般需 7～10 天，此时需盖膜进行保温保湿，保持室温在 28～32℃之间，不能低于 25℃，否则灵芝易受到低温冷冻伤害致死。

（2）水分管理

出芝期要保持空气相对湿度在 85％～95％之间，土层含水量 65％～75％。应每天喷雾水 2～4 次，喷水时不能直接喷向芝体，应向大棚空间喷，特别是当灵芝孢子产生后，直接向芝体上喷会冲掉芝盖上的孢子。每次喷水量为 50～80 g/m²，具体喷水量应根据天气和灵芝个体大小而定。同时，水沟应保持 5～8 cm 深的水，保持土层湿润且让水蒸腾，增加和保持空气相对湿度。

（3）光诱导调控

出芝期大棚内应有 400 lx 左右的散射光，光照不足会影响芝体生长过程中盖边菌肉的分化。因此，正常的光照是保证灵芝个体长大的重要因素。出芝期棚顶一般盖一层遮阳网（遮阳率在 80％～90％之间）进行避光处理，应注意大棚四周不能有侧光，否则灵芝易受光诱导产生多盖、盖缘不规则、柄斜拉弯曲等的畸形芝。

（4）适时采摘

灵芝从幼蕾分化至个体成熟一般需 30～40 天，灵芝成熟的标准为柄长 12～15 cm，盖缘呈黄褐色，边缘光滑或略有上卷，盖表面呈黄褐色或棕褐色，由中心向边缘呈年轮状辐射凸起，盖腹面呈浅白色或浅黄色，柄呈漆样光泽、光滑。盖径大小为 10～15 cm，厚 1～2 cm，盖表面附着一层孢子，厚度为 5 mm 左右。采摘时应将灵芝轻轻拧下，摆放在干净的塑料盆或桶内，尽量不要碰掉盖上的孢子。采摘时要选择晴天，不宜在阴雨天采摘。采摘后应将灵芝及时晒干或烘烤干。采摘人员在采摘时要戴上手套，不要用手直接接触芝体，以免弄脏灵芝，影响品质。

5. 采摘后转潮管理

采摘完第一潮芝后应停止喷水 3 天左右，让菌袋表面菌丝尽快恢复生长，当菌袋口上长出白色、粗壮菌丝时，可逐渐向菌袋上喷雾状水，2～3 天后慢慢将菌袋补水至含水量 70％以上，5～7 天后菌袋口上会分化出第二潮幼蕾，此时应加大湿度，保持空间湿度在 85％以上，其他管理同第一潮芝。

（五）灵芝林下种植技术

1. 灵芝生产特性

灵芝属高温型食药用菌类，其出芝最佳温度为 28～35℃，若遇天气突变，大幅降温（温度低于 25℃）而未做好保温保蕾措施，则会停止生长。若温度低于 22℃并持续 1～2 天，幼蕾受低温影响易冻伤致死，往往还会出现僵蕾，即便随后升温到 25℃以上也不会恢复生长，只能再次催蕾。灵芝生长喜阴湿环境，怕干旱和直射光照。在湿度大的环境中，灵芝长势好，产量高，生长年限长；在干旱和光照强的地方，长势弱。此外，在山地种植灵芝时要特别注意防治白蚁。

2. 生产季节

仿野生灵芝在湖南省最佳种植时间应在 4 月上旬至 5 月上旬。菌包排放覆土经约一周菌丝恢复培养期，三周后便可以催蕾，可于 5 月底开始现蕾出芝。6—8 月是灵芝最佳生长期，7 月底灵芝个体生长发育成熟后进入产孢期，产孢期约 30 天，8 月底可收到厚厚的一层孢子，9 月上旬生产结束。若种植时间拖延，会对灵芝的单产和子实体的生长发育及品质都产生影响。

3. 场地清理消毒

（1）场地选择

种植场地应选择在交通便利、污染少、坡度小、湿度大的环境。场地附近要求水源充足、灌溉方便，水质优，达到饮用水标准，宜用井水、水库水、河水、自来水，不宜用泥塘水、农田灌溉用过的水及生活污水，最好在棚内安装喷灌雾化装置，可以调控环境湿度。同时要求排灌通畅，雨天不积水成洼。选择地势平缓或坡度不高于15°的缓坡地，土壤选用疏松、不易板结的砂壤土或黄泥土，土层中无残枝腐根叶，否则易滋生杂菌。

（2）清理场地

场地的清理和消毒应在灵芝种植前3周进行，清理场地主要是清除林下杂草及土层中残枝腐根叶等。

（3）翻耕

深耕25 cm，土壤粒径2～3 cm，粗细搭配（粗的占70%，鸽子蛋大小；细的占30%，小指头大小），土表层平整，无明显坑洼，让土壤经太阳暴晒多日并排干水，土层干爽，有利于菌丝恢复生长，降低绿霉感染风险。

（4）建畦床、开沟

建畦床、开沟（图5-72）应避开连续下雨天气，畦床宽90～110 cm，呈龟背形，畦床两边开排水沟，排水沟深25 cm、宽40 cm左右。

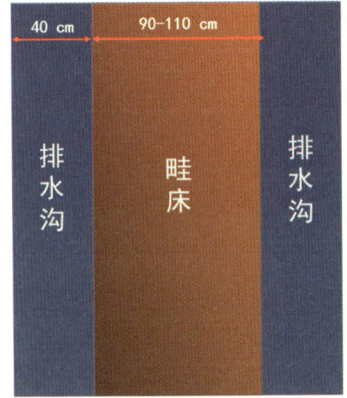

图5-72　建畦床、开沟

（5）消毒

用石灰粉（每亩150 kg用量）消毒，分2次撒入。第一次在翻土时，边翻边撒石灰粉，需撒匀，整个棚内全部撒遍，不留死角，用量为70%左右；第二次在种植的2～3天前，用量为30%左右。

（6）搭建塑料大棚

采用拱棚进行出芝管理，可以显著提高灵芝出芝率、成活率和产量，改善灵芝朵形品相，便于灵芝孢子粉的收集，提高种植效益。在菌包排放前搭建塑料大棚，大棚呈圆拱形，一般高度 2 m 左右，长、宽依种植作物的间距而定，便于操作即可。大棚顶部可以用塑料薄膜覆盖，上覆麦秸、稻草等，既能保温，又能让棚里接受到均匀的散射光照射。

4. 菌包排放

（1）菌包选择和处理

选包：菌包中菌丝长满全袋，菌丝浓密、洁白、粗壮，菌袋口上表层菌丝开始分泌棕褐色素，渐渐形成浅褐色斑，此时，菌丝已达到生理成熟，可以开袋出芝，菌丝长势弱或有绿霉污染的不能开袋划口。开袋时须取掉菌袋口上的套环，剪平菌袋口，去掉口上部分薄膜袋，割掉菌包底部 5～6 cm 薄膜，让菌包底部菌丝与土壤充分接触。

注意：①划口前，须将菌包置于 84 消毒液（200 倍稀释液）或 0.1％高锰酸钾水溶液中浸泡 3～5 分钟，进行菌包表面消毒处理；②划口要轻，尽量减少对菌丝的损伤。

（2）排包覆土（图 5 - 73）

排包宜晴天进行，将处理过的菌包植入栽培畦床的种植穴中，种植穴深 12～15 cm，排放好后用干净的土粒覆盖。覆土取本土，要求土质干爽，将土轻轻整平，不能压紧实，否则有碍菌袋通气。灵芝菌包一般为（16±2）cm 高，让菌包顶端出土 5 cm 左右，作为灵芝的生长端，尽量不要全部埋进土里，以免灵芝从泥土中冒出时沾灰、沾土。土壤的作用是为菌包保湿。

菌包间距可根据果树的种植密度和地势平缓度而定，由于灵芝有粘连性，灵芝长大后菌盖展开盖径可达 15 cm，芝盖相互接触易粘连，菌包与菌包之间至少距离 20 cm，这样灵芝个体生长不会粘连，菌盖能充分舒展，且能有效隔绝病虫害传染。

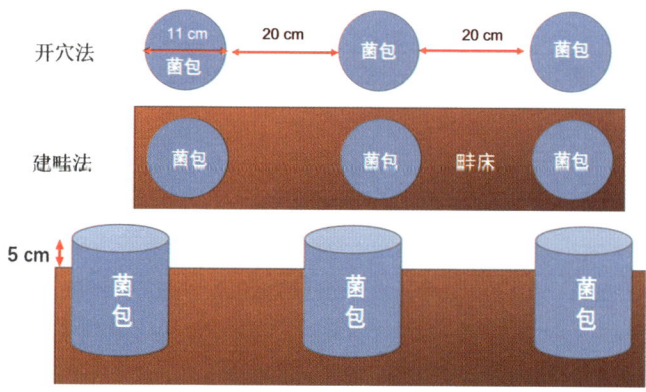

图 5 - 73　排包覆土

5. 出芝管理

灵芝子实体生长发育可分为现蕾期、子实体快速成长期和成熟期，生产管理上可将其分为菌丝恢复期、催蕾期、快速生长期和产孢期等4个阶段进行。

（1）菌丝恢复期

菌丝恢复期约7天，温度控制在（24±2）℃，光线要暗，可在菌袋上覆盖一层黑膜避光，主要是保持土壤干爽、通风、透气性好，为菌丝生长创造适宜环境，同时尽量控制杂菌对菌丝生长的影响，防止杂菌污染。

管理要求：不能淋雨，不必喷水，保持土层干爽，让菌丝恢复活力。每天定期查看菌丝生长情况和绿霉菌、链孢霉感染情况，如遇高温高湿环境，易引起杂菌污染。要控制好棚内温度，使温度小于25℃，加强通风降温。

（2）催蕾期

一般在种植后20天左右，灵芝菌包开始现蕾，菌蕾白色，呈蛋卵状或包子状，刚长出来的幼蕾易受低温冻死；若环境干燥，幼蕾会难分化甚至干死或染杂菌。现蕾期要做好保温保湿措施，保持25℃以上温度，土壤湿度为55%～60%，空气相对湿度为85%左右，注意防霉驱虫。

管理要求：①调控土层含水量。待菌丝生长恢复好后，菌丝生长浓密、粗壮、洁白，此时可打一次出菇水，可在2～3天内连续多次喷水，让土层慢慢充分吸收水分，含水量达到55%～60%，即用手捏土粒成团，手心有水湿印，撒在地面可散开。②覆膜保护。现蕾后，盖上地膜（图5-74），进行保温保湿；当灵芝开始长菌盖时，地膜开孔（孔径约

图5-74　灵芝覆盖地膜

2 cm，不宜过大），让灵芝从开口中挤出，同时喷水保持湿度，定期掀膜检查，避免长霉。③防风吹。风吹会引起幼蕾表面水分散失，幼蕾分化受阻。催蕾期大棚迎风面不许开门。同时，定期开关大棚通风窗，大棚两端应多掀开通风，保证棚内空气清新，氧气充足。④光诱导。因灵芝子实体生长发育向光性强，大棚两侧面须用遮阳网或茅草围住，不许有侧光透进大棚，棚顶留2～3条透光带，带宽20 cm左右，带间距1.5 m左右，让光线能够正向（即棚顶光直线方向）诱导子实体生长，直至长成直立的灵芝个体。

（3）快速生长期

一般 20 天左右，此时气温较高，日照强烈，水分蒸发快，灵芝生长旺盛，需大量水分，此时应加大喷水量和喷水次数。灵芝快速生长期需保持相对高的湿度、温度，保持空气相对湿度 85%～90%，土壤湿度 55%～60%，温度 28～35℃，同时需做好防虫、驱虫措施。

管理要求：①白天掀开拱棚两端薄膜，晚上再放下，以便增湿和保温，小拱棚顶部薄膜白天需盖好，用于遮阴和防雨淋，棚两侧打开，通风透气，以防畦面二氧化碳过高，如超过 0.1% 会产生"鹿角芝"（不分化菌盖，只长柄）。通风是保证灵芝菌盖正常展开的关键。②防高温。7—8 月，温度较高，为了控制大棚内室温不超过 35℃ 且保持较高的空气相对湿度，可加厚遮阴物，大棚四周采用茅草围起来，可起到降温、保湿和防风等效果。

（4）产孢期

从芝体现蕾到采收为 70～80 天，成熟子实体菌盖表面（腹面）呈棕褐色，盖缘无白色，呈浅黄褐色，菌盖背面呈浅黄色或浅白色，盖径大小为 12～16 cm，菌盖厚度为 1～2 cm，菌盖上附着一层厚厚的孢子，厚度可达 1 cm，菌盖表面有呈年轮式的生长圈，菌柄为中实圆柱状，致密，光滑，表面呈漆样光泽，似涂上了一层油漆。子实体成熟后会产生孢子，孢子是从菌盖背面细小的菌管内弹射出来的，往往在早上太阳初升时，大棚内可见呈烟雾状孢子，弥漫在空中，随风四处飘散。约经 30 天产孢期培养，大棚内随处可见棕褐色的孢子飘散，覆盖全境。

管理要求：①搭小拱棚。待灵芝个体长至 15 cm 以上，菌盖充分展开成形，则需用竹条搭建简易小拱棚，尽量架高，高度为 1.1～1.3 m，上覆透气性好的无纺布（图 5-75），使无纺布与地膜间充分接合，便于孢子收集，减少孢子飘散到拱棚外。同时，在菌床上盖上厚 0.01 cm 左右的薄膜，让孢子可以附着在菌盖和薄膜上。小拱棚可以用竹片、纤

图 5-75　覆盖无纺布

维条、枝条作拱条，拱条间距为 80 cm 左右。注意：若在前期没有大棚搭建条件，地膜开孔后，需随即搭建小拱棚，同时外覆遮阳网，防风吹雨淋。②保持土层湿润，土壤含水量在 55%～60% 之间，沟内应灌水 10 cm 左右深，不能向拱棚内喷水，以免水浸湿孢子。③大棚内温度保持在 28～35℃，

夏秋高温季节，做好降温措施，大棚白天应遮阳、防暴晒、防高温（防止温度超过35℃）。④防风吹。防止风吹散孢子，通常只掀开小拱棚两端纱布，保持拱棚内空气通透。注意：一旦空气不通畅，氧气不足，菌盖背面菌管就会闭口，堵塞管口，孢子难以弹射出来，几小时后菌管堵死，即使随后通气供氧也难消除，菌管就再也不能弹射出孢子。因此，需时刻保持空气流畅，氧气充足，同时又要避免风从大棚外面吹进来，可在大棚四周用遮阳网或茅草、稻草围住。⑤大棚内保持较强光照（800 lx），通常来说"七分阴、三分阳，花花太阳透进来"。⑥孢子收集。采取一次性收集灵芝孢子粉的方法，当灵芝子实体成熟后，菌盖表面附着一层厚厚的孢子时（图5-76），轻轻采下灵芝子实体，将表面孢子粉轻轻刷下（图5-77），然后将散落在薄膜上的孢子粉用吸收器（也可用吸尘器）收集起来，收集后用布袋或双层薄膜袋装，袋口扎紧。收集时要选晴天，动作轻，以免孢子被吹散。同时，为避免混入泥沙和尘土，收集用具均要卫生干净，人手要洗干净，戴一次性手套和口罩。收集后应及时采取低温（45℃以下）烘干或晒干，存放处阴凉干燥，否则，孢子粉易受潮酸化变质。

图5-76　灵芝表面覆厚厚孢子

图5-77　工作人员刷下表面孢子粉

6. 其他技术要点

（1）疏蕾

多个芝蕾生长在一起会出现粘连（图5-78），影响灵芝朵形品质，通常催蕾时，有2～3个幼蕾从菌袋口现出。约一周后，先出来的中间蕾优势明显，旁边数个弱小幼蕾，为保证幼蕾质量，只保留1个蕾，其余的应切除，即疏蕾。注意疏蕾时，一是要用消毒好的锋利刀片，不能对幼蕾造成过大的伤口；二是只保留长得大个、形态好的幼蕾，及早切除旁边多发的小朵蕾和畸形蕾。

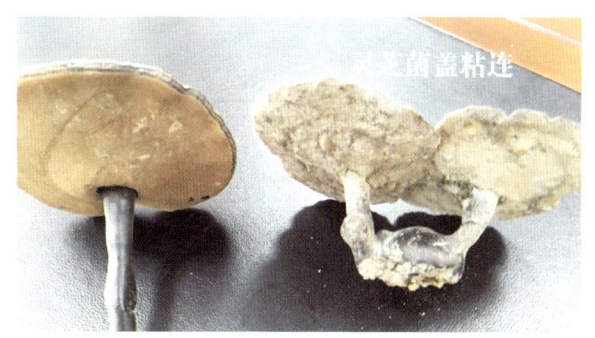

图 5 - 78　灵芝菌盖粘连

（2）病虫害管理

①病害

在灵芝栽培中，绿霉菌是发病频率和危害程度最高的病害。绿霉菌包括木霉、青霉等多种病菌，其中发病频率和危害程度最高的是木霉和青霉。

绿霉在灵芝栽培各个阶段都可发生，生长期侵染活力较弱的灵芝菌蕾。病部初期为一层茸毛状灰白色菌丝，生长迅速，成堆绿色孢子形成霉斑，消耗菌材养料，并分泌毒素，抑制灵芝菌丝发育，后期在灵芝菌盖菌孔表层发生褐变，霉味浓重。

青霉菌主要侵染水分高、杂质多的灵芝菌盖下面的菌孔。往往在菌孔口形成霉菌斑，发病时灵芝菌盖菌孔表面变污褐色，严重时菌盖边缘及菌柄上长满孢子堆。初期菌丝呈白色，渐变成灰绿色，后期产生人量的蓝绿色分生孢子，呈不均匀且浓厚的一层蓝绿色粉状物。

防治措施：灵芝病害以化学防治为主。一是要做好场地消毒，试验表明石灰粉是杀灭绿霉菌最廉价实用的杀菌剂。二是采用化学防治，往往在菌丝恢复期和催蕾期容易感染霉菌，此时，应及时喷施消毒杀菌液，可用 84 消毒液（200 倍稀释液）或 0.1% 高锰酸钾溶液（0.1% 多菌灵粉剂、0.1% 甲基托布津水剂或绿霉净消毒液，按使用说明书使用）连续喷洒 3 天，情况严重时，一天 2 次，最好及时采取多种消毒液轮换交替使用，效果更佳。

②虫害

灵芝虫害多发生在幼蕾期，主要有菇蝇、蛞蝓和蓟马等，它们取食幼蕾，形成虫孔或虫斑，造成菇体畸形，也易传染病害，严重时会影响灵芝品质和产量。

防治措施：一是人工捕捉，每天上午 8 点进行人工捕捉，必要时将出现虫蛀的灵芝及时摘除，避免扩散传播；二是在大棚内安装诱杀灯，在拱棚内挂沾虫黄板等，用物理方法减少飞虫危害。

（六）灵芝的加工

1. 灵芝盆景加工实例（图 5 - 79）

（1）工艺流程

菌种分离和培养→人工栽培→控制生长因子→造型控制→制作盆景。

（2）操作要点

菌种分离和培养：同常规分离和培养方法。

人工栽培：参照灵芝代料栽培方法。

控制灵芝出菇期各种条件因子：①温度，在菌蕾期，温度要控制在25～28℃范围内，不能长期低于20℃，也不能长期高于35℃；②湿度，在整个栽培期间栽培室地面要保持湿润，相对湿度要保持85％～95％，栽培室内每天喷雾4～5次；③空气，栽培室要经常开门、开窗，通风换气，可通过对不同 CO_2 含量的控制，培养出不同形状的灵芝盆景；④光照，子实体生长时，人为控制光照强度，定向和定型培养出不同形状的盆景灵芝；⑤酸碱度，灵芝喜欢在偏酸性（pH 值 4～6）的环境中生长，可以微调酸碱度控制灵芝生长形态。

造型控制：①菌蕾期，在散射光的照射下，菌丝分化集结产生子实体原基，此时，可通过控制通气的位置来控制出芝位置，便于灵芝的造型处理，菌蕾产生后降温至 15～18℃，持续半个月；②幼芝期，根据需要调整光的方向和强弱来培育不同的菌柄形态，培养温度控制在 22～25℃，湿度控制在 85％～90％，经过 7～8 天，幼芝期完成；③成芝期，调整光照强度为 2 000 lx，保持空气畅通，确保供氧充足，控制相对湿度为 85％～90％；④成熟期采收，阴凉处晾 3～5 天，再晒干，再用灵芝保存大桶处理，培养的子实体处于通风、隔潮、无霉变的环境，备用。

制作盆景：选取盆景基座，常用的盆景基座有瓦盆、陶盆、瓷盆、水泥盆、木盆、塑料盆、根雕等。若采用根雕作为灵芝盆景的基座，装盆前先确认灵芝大小与形状，选择与灵芝相协调的树兜，根据灵芝菌柄大小在树兜上挖出大小相当的小洞，锯平灵芝菌柄断面，倒乳白胶加杂木屑

图 5 - 79　灵芝盆景

搅拌，使胶的颜色与灵芝和树蔸更协调，将乳白胶分别涂在树蔸和灵芝菌柄断面上，接上后，用钉子固定，抹平接口。

2. 灵芝孢子粉胶囊（图 5 - 80）加工实例

（1）工艺流程

孢子粉破壁→混匀→再次混匀→过筛→干燥→填充。

（2）操作要点

孢子粉破壁：将灵芝孢子粉进行破壁处理得到破壁灵芝孢子粉，然后过 80 目筛，将麦芽糊精过 80 目筛，将羧甲基纤维素钠用纯水调配成浓度为 1.5%～2.5%的羧甲基纤维素钠溶液。

混匀：按照等量递增的方式将麦芽糊精加入破壁灵芝孢子粉中至设定的物料总量，每次混合 15 分钟，使得混合的物料混合均匀，颜色均一。

图 5 - 80 灵芝孢子粉胶囊

再次混匀：将混合好的物料倒入槽型混合机中，加入调配好的羧甲基纤维素钠溶液，混合 30 分钟，得到混合均匀的软材。

过筛：将混合均匀的软材加入装有 20 目筛的摇摆式颗粒机中，制成湿颗粒。

干燥：将湿颗粒放入高效箱式沸腾干燥机中进行干燥，至颗粒中水分小于 5%后放出，将干燥好的颗粒用振动筛的 16 目筛网制粒。

填充：将合格的颗粒用胶囊填充机填充 0 号空心胶囊，装量为 0.25 g/粒，得到破壁灵芝孢子粉胶囊。

第六节　黑皮鸡枞

黑皮鸡枞（*Oudemansiella raphanipes*）属真菌界、担子菌门、伞菌纲、伞菌目、膨瑚菌科、小奥德蘑属食用菌，又名长根菇、长根小奥德蘑、露水鸡枞等，因外形与野生鸡枞菌相似，商品名为黑皮鸡枞菌。

黑皮鸡枞肉质细嫩，味道鲜美，富含蛋白质、氨基酸和多种生物酶、多酚、黄酮、多糖等生物活性成分，有消炎镇痛、调节免疫力、降血糖、降血脂、抗氧化、抑制肿瘤细胞生长等功能，是一种优质的食药用菌，深受消费者欢迎。

黑皮鸡枞在我国栽培历史不长，约为 60 年，1966 年首次报道其栽培，后随着对其生物学特性的深入研究和栽培技术的改进、完善，逐渐实现了室内层架式袋栽、室内层架式床栽、设施大棚周年栽培等，生产规模和产量逐年上升，在全国多省市均有种植。

黑皮鸡枞菌鲜品耐贮运，菇形好，口感清脆，很受市场青睐。黑皮鸡枞生产周期短，约 3 个月，单产高，每袋（干料 500 g）可产菇 400～500 g，且可在大田或室内层架栽培，具有很好的生产经济效益和发展前景。近年来，在云南、贵州、湖南、江西、广西等地生产规模大幅增加，成为南方地区优质鲜菇生产的主要品种。

一、生物学特性

（一）形态特征

黑皮鸡枞种属分类曾存在一些争议，先后被划分到金钱菌属、干蘑属等，又由于该菇通体黑褐、菌柄下连有一条细长的"假根"，也有人认为应归于鸡枞菌属。直至 2016 年，中国科学院昆明植物研究所杨祝良研究团队通过对其开展分子系统发育分析、形态解剖学研究和野外观察等，将其确定为小奥德蘑属，并准确鉴定为卵孢小奥德蘑。

黑皮鸡枞形似鸡枞，子实体中等至大型，菌盖直径 3～23.5 cm，幼时脐突呈半球形至钟形，并逐渐伸展，菌盖表面光滑，顶部显著凸起呈斗笠形，通体暗褐色，其菌柄基部亦有向下延伸逐渐变细的"根"状菌索，故商品名为"黑皮鸡枞"，在云南俗称"水鸡枞"。需要注意的是，黑皮鸡枞的"根"状菌索是与栽培模式密切相关的形态特征，即在野生状态和覆土栽培时形成"根"状菌索，脱袋直接出菇则无"根"状菌索（图 5 - 81）。黑皮鸡枞交配型是受双因子控制的四极性交配系统，但存在四孢担子和双孢担子两种不同类型，有性生殖时产生四孢的担子，无性繁殖时产生两孢的担子。存在两种生活史，四孢黑皮鸡枞有典型的异宗结合生活史，双孢黑皮鸡枞单孢菌丝在适宜的环境条件下也可形成子实体，完成生活史。

图 5‑81　黑皮鸡枞菇体及根状菌索

（二）生活习性

野生黑皮鸡枞夏秋季单生或群生于阔叶林中地上，其假根着生在地下腐木或腐殖层上，是木腐型真菌，在热带、亚热带和温带都有分布，在我国多分布于云南、广东、福建、湖北、湖南、广西、四川、贵州、江苏等地，是一种中高温型食用菌。

1. 营养

黑皮鸡枞菌系土生木腐菌，对营养要求不苛刻，可以在木屑、棉籽壳、玉米芯粉等多种原料上生长，一般用于栽培香菇、木耳的原料都可以用来栽培黑皮鸡枞菌。

2. 温度

黑皮鸡枞属中高温型菌类，菌丝生长适宜温度为 18～30℃，最适温度是 20～25℃；出菇适宜温度为 20～28℃，最适温度是 22～26℃，低于 20℃时出菇困难；子实体分化和生长的适宜温度为 15～28℃，最佳温度 25～28℃。原基分化需一定温差刺激，菌丝满袋后不应立即覆土，而应待菌丝生理成熟后再脱袋或进行袋内覆土；覆土后环境温差最好达 10℃以上，以刺激原基形成。

3. 湿度

湿度包括培养基含水量、土壤含水量及空气相对湿度 3 个方面。黑皮鸡枞菌丝生长时，培养料基质适宜的含水量为 65％～70％，空气相对湿度为

60%～70%。出菇时，土壤含水量达 20%左右，空气相对湿度需要维持在 85%～95%。

4. 空气

黑皮鸡枞的生长环境需要空气新鲜。在培菌阶段，充足的氧气可使菌丝洁白粗壮，应以人不感到憋闷为宜。在出菇阶段，前期在保证温湿度适宜的情况下，应适当打开温室后墙小窗户或者掀开大棚两侧薄膜进行通风换气，使二氧化碳浓度控制在 0.3%以下，有利于形成粗壮菇蕾和小菇。在育菇末期，把生长环境调节到闷湿状态，当菇柄长至 6～7 cm 时，每天通风 1 次，每次 10 分钟，受二氧化碳刺激后，子实体快速纵向生长，同时体积增大、重量增加，具有很好的增产效果。

5. 光照

黑皮鸡枞菌丝在生长时不需要光照，有光照还会延缓菌丝生长速度且易使菌丝衰老，在出菇期喜黑暗至弱光环境，适宜光照为 100～200 lx。一般通过草苫和遮阳网控制光照，尽量形成微弱散射光。

6. pH 值

黑皮鸡枞菌适宜在中性或微酸性环境中生长，pH 值以 6.5～7.5 为宜。

7. 土壤

土壤是黑皮鸡枞出好菇的重要条件，覆土主要起保湿作用，使出菇效果好。若不覆土也能形成子实体，但菇形不完整；覆土越深（7～10 cm），形成的假根状菌索越长。

二、栽培技术

（一）生产季节

黑皮鸡枞属中高温出菇品种，出菇适温为 20～26℃，各地可根据当地气温确定出菇季节，并依出菇季节往前推 3～4 个月即为菌包生产季节。湖南省一般在 1—3 月生产菌包，2—5 月培菌，4—6 月出菇；或者 7—8 月生产菌包，8—10 月培菌，10—12 月出菇，秋栽培菌需要配备一定的控温设备，如果配备较先进的控温设备，可实现周年栽培黑皮鸡枞。近年来，湖南、江西、湖北等地采用加温设施，搭建加温大棚，在秋冬季进行加温出菇，可在春节前后供应反季的市场鲜菇，市场价格高，生产效益佳，目前已成为黑皮鸡枞生产的高效模式。

（二）菌种生产

用 PDA 或改良 PDA 培养基制作一级菌种（母种），改良 PDA 培养基配方为：马铃薯 200 g、磷酸二氢钾 3 g、葡萄糖 20 g、硫酸镁 1.5 g、维生素 B_1 10 mg、琼脂 20 g、水 1 000 mL（制成培养基 1 000 mL）。黑皮鸡枞既可用木屑培养基制作二级菌种或三级菌种，也可用枝条菌种制作二级菌种和三级菌种。各级菌种生产方法可参照第四章"食用菌菌种生产技术"相关内容。一般在接种前 95 天生产一级菌种，前 80 天生产二级菌种，前 40 天生产三级菌种（图 5 - 82）。

图 5 - 82　黑皮鸡枞栽培种（枝条菌种）

（三）栽培方式

1. 高产配方

可用来栽培黑皮鸡枞的原料较多，主料主要有富含木质素、纤维素类的农林副产物等，如杂木屑、棉籽壳、玉米芯等，辅料有麸皮、玉米粉、豆粕、石灰、石膏、过磷酸钙等。但不能用桉、樟、槐、楝等含有害物质的树种及松、杉、柏等含油脂的树种的木屑。以下四种配方在不同地方获得过较好栽培效果，生产者可根据本地原料特色选用。

①棉籽壳 35%、玉米芯 18%、杂木屑 18%、麸皮 20%、玉米粉 5%、豆粕 3%、石灰 1%，含水量 60%～65%。

②棉籽壳 78%、麸皮 20%、石灰 1%、石膏 1%，含水量 60%～65%。

③棉籽壳 47%、杂木屑 30%、麸皮 20%、糖 1%、石膏 1%、石灰 1%，含水量 60%～65%。

④杂木屑 50%、玉米芯 32%、麸皮 10%、玉米粉 5%、过磷酸钙 1%、石灰 1%、石膏 1%，含水量 60%～65%。

2. 拌料制袋

（1）拌料

木屑、玉米芯、棉籽壳等难吸水原料应在拌料的前一天进行预湿。按照培养料配方将原料加水混合搅拌均匀，将含水量控制在 60%～65%，调节 pH 值为 6.5～7.0。

（2）装袋

选用聚丙烯袋（高压灭菌）或聚乙烯袋（常压灭菌），聚丙烯袋规格为宽 17 cm、长 35 cm、厚 0.005 cm，聚乙烯袋规格为宽 17 cm、长 35 cm、厚 0.004 cm。将栽培料拌匀后开始装袋，要求松紧适度，每袋料湿重为 1.0～1.2 kg，若使用枝条菌种，应用专用打孔器预留接种孔，然后采用套环封口。

（3）灭菌

根据装袋所用塑料袋的性质选用高压灭菌或常压灭菌。装袋完毕后，应迅速灭菌，不能过夜。高压灭菌是将菌包放入高压灭菌器，排尽空气，采用 0.105～0.15 MPa，121～126℃，保温杀菌 3～4 小时。灭菌结束后，压力表指针自然降至"0"时，取出菌包移入冷却室，待料温冷却至室温时备用。常压灭菌是在普通压力条件下，当温度达到 98～100℃后，保温灭菌 12～15 小时，灭菌结束后，经自然冷却到 70℃ 左右出锅，菌包料温冷却至室温时备用。

3. 接种培菌

（1）接种

接种室（帐）要求环境清洁，放入待接种菌袋后应采用气雾消毒剂、紫外线或电子消毒器（臭气）中的一种或多种，对接种场地（含菌袋表面）再次进行消毒灭菌，待菌袋冷却至室温后，打开袋口接入菌种，然后封闭袋口。

（2）培菌（图 5-83、图 5-84）

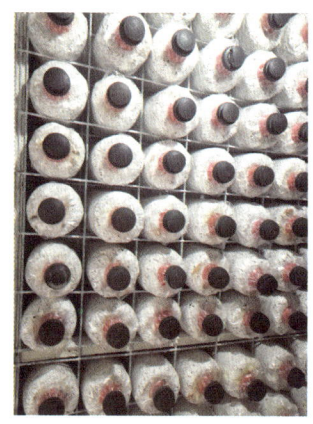

图 5‑83 黑皮鸡枞菌包培养　　图 5‑84 培养好的黑皮鸡枞菌包

接种完毕后,将菌袋放入培菌室(可搭层架以增加菌包容量),培菌室要求控温、通风、避光,将袋内温度控制在 22~25℃,空气相对湿度控制在 60%~65%,每天对流通风 2~3 次,每次 30~40 分钟,二氧化碳浓度不高于 0.1%(体积比),以人进入不感觉憋闷为宜。黑皮鸡枞培菌期一般为 35~40 天,菌丝长满菌袋后,开始后熟期管理,温度控制在 20~22℃,继续培养 18~30 天,使菌丝完成后熟达到完全成熟,菌袋表层气生菌丝变成黄褐色,并在菌袋上层可见黄褐色的液滴。培菌及后熟期间发现污染的菌袋应及时处理。

4. 开袋覆土

(1)覆土准备

覆土材料应提前准备好,可选用专用的泥炭土、草炭土,或选用无杂草、无石块、富含腐殖质、透气性良好、疏松肥沃、前茬未种过食用菌的土壤,也可选用黄泥土,但要求土粒粒径为 2~4 cm,粗细搭配,无农残、无残枝草根等。覆土材料在使用前可用食用菌专用杀虫杀菌剂进行杀虫消毒处理,调节土壤 pH 值至 6.5~7.5,将含水量控制在 18%~20%。

(2)覆土方法

目前生产上有脱袋覆土和不脱袋覆土两种方法。①脱袋覆土(图 5‑85):a. 整地建畦,平整土地,开好边沟,畦高 10~15 cm,宽 0.5~0.8 m,长度随地势决定,做畦的泥土颗粒细小、均匀,畦四周及畦底喷施石灰水,目前有生产者在层架上脱袋覆土,也取得较好的栽培效果;b. 脱袋覆土,脱除菌袋塑料袋，直立排放在畦床上，菌棒间留 2 cm 的缝隙，用覆土材料将菌棒间的缝隙填满，菌棒表面覆土厚度 3～4 cm。②不脱袋覆土（图 5 - 86）：将菌袋套环解开，将袋口撑开并下卷，袋口距料面 5～6 cm，再向菌袋内加入覆土材料，覆盖整个袋口，厚度 3～4 cm，然后将菌袋放在地面或层架上。

图 5 - 85　黑皮鸡枞脱袋覆土出菇　　　　图 5 - 86　黑皮鸡枞不脱袋覆土出菇

5. 出菇管理

覆土后浇一次透水，使菌棒吸水充足，并保持土层湿润，当覆土表面有少量白色菌丝出现时，增加覆土层湿度，并加大通风量。若采用不脱袋出菇方式要把握好水量，浇透但不能有积水。将温度保持在 20～26℃，空气湿度维持在 85%～90%，菇房（棚）光照控制在 200～400 lx。通常在大棚菌床上方两侧安装蛇形灯带，在催蕾期间通过开关灯带调节适宜光照强度，可起到促蕾、促使菇品颜色转黑和提高菇品质量的作用。将二氧化碳浓度维持在 0.1%～0.15%（体积比），每天上午和下午定时打开菇房（菇棚）的通气窗，每次通风 15～20 分钟，保持室内空气清新、氧气充足并及时排出二氧化碳，二氧化碳浓度过高会促进菇柄生长，菇盖变小，但二氧化碳浓度过低，也会使菇柄过短，影响鲜菇产量和品质。

6. 采收

当菌盖尚未展开为钟形，菌柄未充分伸长时即可采收。采收时用拇指、食指和中指捏住菌柄旋拧并往上提拔，也可用手指捏住菌柄基部，用小刀沿膨大的柄下部切断，再向上提起，细长的假根可留在土中。将采收后的鲜菇根部削成圆锥形，然后根对根或头对头放入包装盒内，置于 0～2℃ 环境打冷或进行冷藏保鲜。优质黑皮鸡枞如图 5 - 87。

图 5 - 87　优质黑皮鸡枞

7. 转潮管理

黑皮鸡枞菌出菇周期一般为 2 个月左右，其间可采收 4～5 茬菇，每潮菇间隔为 15～20 天，一般前 3 潮菇产量占总产量的 70% 左右，且菇品质量好，因此应做好出菇转潮期管理。一潮菇采收结束后，要及时清理畦面子实体残留物，停水 5～7 天，让菌丝恢复生长。然后浇一次透水（不脱袋出菇方式要把握好水量，浇透但不能有积水），使菌棒吸水充分，并保持土层湿润。当覆土表面有少量白色菌丝出现时，增加覆土层湿度，并加大通风量，将温度保持在 20～26℃，空气湿度维持在 85%～90%，菇房（棚）光照控制在 200～400 lx，二氧化碳浓度维持在 0.1%～0.15%（体积），进入下一潮菇的管理。

（四）废菌料处理

栽培黑皮鸡枞后的废菌料又称菌糠，在经过培菌、出菇生物转化后，菌糠中含有大量的菌体残体（菌丝体），富含菌体蛋白，以及钙、磷、硫等多种矿物质及丰富的微生物活性酶类、多种维生素等，生产者只需对菌糠进行发酵处理，调节其 pH 值，添加适量的氮素，便能将菌糠作为农林作物较好的有机肥料，因此栽培黑皮鸡枞后的废菌料可直接返田或制成有机肥。

（五）黑皮鸡枞的加工

黑皮鸡枞清水罐头加工实例

（1）工艺流程

原料→去菇根、杂质→清洗→预煮→冷却、分级→称重、装罐→注液→排气密封→杀菌→冷却→成品检验。

（2）操作要点

原料选择：选择新鲜、圆整，质地细密，色泽正常，富有弹性，菌盖光滑，菌盖直径为 1.0～2.0 cm，无机械损伤和病虫害的黑皮鸡枞，削去菇根。为确保罐头产品的质量，以当天采收、当天加工为佳。

清洗：将原料菇及时运送到罐头加工车间，并迅速将其放入流水槽内轻轻搅动，洗去泥沙等杂质。

预煮：预煮是为了破坏多酚氧化酶的活性，同时排出黑皮鸡枞组织内的空气，使组织收缩、软化，降低气脆性，便于装罐，还可以提高装罐的净重以及保持黑皮鸡枞的营养和风味。利用蒸汽预煮机，在 96～98℃的温度范围内对黑皮鸡枞进行热蒸汽处理 8～10 分钟，使黑皮鸡枞透而不烂。黑皮鸡枞流出的汁液可作罐头的填充液，使罐头产品保持较好的香味。

冷却、分级：将经过热烫后的黑皮鸡枞立即转移到流水槽中进行冷却，时间以 20～30 分钟为宜；将冷却后的黑皮鸡枞采用滚筒式分级机进行分级或者人工分级，按大小进行选拣，并分成整菇、碎菇等规格。

称重、装罐：按照成品的不同规格和等级分别对经过处理的黑皮鸡枞进行称重和装罐。玻璃罐要求外形整齐、罐口平整、光滑、正圆、无缺口，玻璃厚度均匀、内无气泡裂纹。金属罐要求外形整齐，缝线标准，焊接完整均匀，罐口无缺口和变形，马口铁无锈斑和脱锡现象。使用前需检查空罐的清洁情况并进行彻底清洗，可采用 5% 的碱液预洗，再用清水清洗干净。装罐要求原料无软烂；同一罐内原料大小、形状、色泽大致均匀；原料排列整齐、美观；罐内装量准确，每罐净重允许公差小于 3%，每瓶罐头的净重平均值不得低于标准；罐内应保留 8～10 mm 的顶隙。

注液：修整装罐后，向菇罐内加注清水液。所用的水中铁含量应低于 100 mg/kg，氯含量应低于 0.2 mg/kg，以防止产品变黑。为保持黑皮鸡枞罐头的色泽明亮，可在罐头中添加 0.1%～0.12% 的维生素 C。

排气密封：采用自动真空封罐机，将罐头顶隙和菇组织中残留的空气尽量排尽，使罐头封盖后形成一定程度的真空状态，以防止罐头腐败并延缓贮存期，阻止好气性微生物的生长繁殖。

杀菌：采用高压蒸汽杀菌，在 121℃ 的高温高压条件下，根据罐体积大小，进行不同时间的杀菌，净重 200 g 的罐头杀菌时间为 20 分钟，净重 850 g 的罐头杀菌时间 30 分钟，净重 3 000 g 的罐头杀菌时间为 40 分钟。

冷却：罐头冷却水要符合生产用水标准，待冷却至 37℃ 左右，将罐头取出，擦干。

成品检验：成品检查时，一旦发现有胀罐等现象的罐头，则为不合格产品；检查合格的产品贴标后装箱入库或上市销售（图 5-88）。

图 5-88　黑皮鸡枞清水罐头

第七节　双孢蘑菇

双孢蘑菇（*Agaricus bisporus*），又名双孢菇、蘑菇，属真菌界、担子菌门、伞菌目、伞菌科、蘑菇属，因担子上通常仅着生 2 个担孢子而得名。近年来发现的四孢蘑菇（担子上通常着生 4 个担孢子）是蘑菇科内又一有名的栽培品种。双孢蘑菇是世界上栽培规模最大、范围最广的食用菌之一，也是我国大宗食用菌品种之一。2022 年我国双孢蘑菇年产量达 157.25 万 t，在我国食用菌产量中居第六位。

双孢蘑菇营养价值高，具有高蛋白、低脂肪，以及富含优质膳食纤维等营养特点。双孢蘑菇干品中蛋白质含量可达 30% 以上，脂肪含量为 3% 左右，且以不饱和脂肪酸为主，还含有 18 种氨基酸，其中精氨酸、赖氨酸等鲜味氨基酸含量较高，因此双孢蘑菇鲜美可口。此外，双孢蘑菇还含有多种矿物质、维生素及蘑菇多糖等。经常食用双孢蘑菇可以增强机体抵抗力，具有降脂减肥、预防血管硬化和防癌抗癌的功效。

荷兰是世界上双孢蘑菇栽培技术较为先进的国家之一，其技术先进性主要表现在两个方面：一是以隧道发酵为代表的基料发酵技术；二是以机械化采菇为代表的机械化自动化栽培技术。荷兰的栽培模式已扩展到波兰、比利时、德国等国家，是经济发达国家双孢蘑菇栽培的主流模式。我国双孢蘑菇栽培模式在不同生产者间差异性极大，既有引进国外先进的工厂化栽培模式，亦有传统作坊式栽培模式，还有介于两者之间的轻简化栽培模式，各种栽培模式均有自己的竞争优势，共同促进了我国双孢蘑菇产业的发展。

双孢蘑菇是一种典型的床栽食用菌品种，对栽培技术要求较高，在我国乃至世界一直拥有较为稳定且广阔的销售市场，其罐头产品一直深受欧洲市场欢迎。因此，双孢蘑菇栽培收益较高且一直相对稳定，生产者可以将双孢蘑菇作为当家品种长年栽培。在掌握双孢蘑菇栽培技术的基础上，查阅相关书籍和文献，也可以尝试栽培其他床栽食用菌品种，双孢蘑菇的栽培效果可以体现生产者的技术水平。

一、生物学特性

（一）形态特征

双孢蘑菇菌丝体分气生性菌丝和匍匐性菌丝。气生性菌丝呈白色绒毛状，属非结实性菌丝，爬壁能力强，往往在培养基表面、试管壁上或菌种瓶内壁上形成浓密粗壮的绒毛状菌丝团，后期若见光易老化，变为浅褐色至棕褐色菌丝。匍匐性菌丝可在培养基表面形成粗壮、浓密、整齐的菌落，可在培养基内形成基内菌丝，是结实性菌丝。因此，选择匍匐性菌丝发达的菌种是食用菌生产高产的前提和物质基础，目前我国生产上应用的都是以匍匐性菌丝为主的菌种。

双孢蘑菇（图 5-89）的子实体呈中等大小，菌盖宽 5～12 cm，初呈半球形，后平展，呈白色，光滑，略干，渐变为黄色，边缘初期内卷。菌肉厚，为白色，伤后略变为淡红色，具双孢蘑菇的特殊香味。菌褶幼时呈粉红色，后变为褐色至黑褐色，菌褶密、窄，离生，不等长。菌柄长 4.5～9 cm，直径为 1.5～3.5 cm，白色，光滑，近圆柱形，内部松软或中实。菌环单层，呈白色，膜质，菌环生于菌柄中部，易脱落。担子上通常着生 2 个担孢子，罕为 1 个，担孢子呈椭圆形，光滑，大小为（4.7～7.1）μm×（6.5～9.4）μm。

图 5-89　双孢蘑菇

（二）生活习性

双孢蘑菇是一种草腐菌，属中温型品种，对温度、湿度、氧气、pH值等外界因素敏感，人工栽培必须掌握其技术要求，把握技术关键。传统的中低温品种有AS2796、U3、蘑菇9506等，中高温型品种有新登96、夏秀2000、大肥菇等。

1. 营养

双孢蘑菇是典型的粪草型食用菌。栽培双孢蘑菇的碳源通常有稻草、麦秸、茅草、农作物秸秆，以及工厂化栽培杏鲍菇（金针菇）的废菌渣等；氮源常以牛粪、尿素、菜饼等为原料。通常基料中牛粪含量为30％左右，低于20％时会影响双孢蘑菇的单产和品质。双孢蘑菇栽培添加的无机盐为石膏、石灰、过磷酸钙、碳酸钙等，此外，通过发酵产生细菌、放线菌、霉菌等是对双孢蘑菇生长有益的微生物群体。

2. 温度

双孢蘑菇菌丝生长的温度范围为5～30℃，最适生长温度为25℃。菌丝在25～28℃温度下生长快，菌丝稀疏。低于25℃时菌丝生长变慢，但粗壮浓密。因此，通常采用低温发菌时有增产效果。子实体生长的温度范围为6～23℃，最适温度为15～18℃。

3. 湿度

水是双孢蘑菇的重要组成部分，双孢蘑菇生长发育的各个阶段都离不开水，培养料的含水量以65％～68％为宜，菇房内空气相对湿度在菌丝生长阶段应保持在65％～70％之间，出菇期间应保持在80％～90％之间。

4. 空气

双孢蘑菇是一种好氧性的食用菌类。在整个栽培过程中，菇房的通风换气十分重要。菇房内二氧化碳浓度过高，则菌盖易过小，菇柄变得细长，容易开伞，甚至导致子实体完全停止生长。

5. pH值

双孢蘑菇属弱酸性菌类，但在生产上，通常会在配制培养料时添加2％左右的石灰，调节pH值为8.0左右，有利于抑制杂菌生长，也不会影响双孢蘑菇菌丝的正常生长。培养料和覆土层的酸碱度是双孢蘑菇生长的关键因素，培养料的最适pH为7.5～8，覆土层的最适pH为8～8.5。

6. 覆土

双孢蘑菇菌丝生长结束后，须覆土才能出菇。土壤为菌丝生长发育和繁殖提供物质基础和微生态环境，覆土后，菌丝在土内变得粗壮，扭结形成菇蕾。通常在生产上，可人工配制覆土或选用东北草炭土，草炭土既可提供丰富的碳源、氮源、矿物质和维生素等营养物质，还具有很好的保水性和透气性。

7. 光照

双孢蘑菇生长过程中不需要光照，在黑暗条件下生长，子实体颜色洁白，菇形圆整。

二、栽培技术

（一）生产季节

双孢蘑菇早已实现工厂化生产，在工厂化控温条件下，可实现周年出菇，但工厂化生产投资大，专业性强，只适合大中型食用菌生产企业，并不适合一般食用菌生产者。本书重点介绍双孢蘑菇轻简化栽培技术。双孢蘑菇属典型中温菇，湖南省的轻简化栽培宜在 8 月上中旬至 9 月中下旬堆制培养料，9 月上旬至 10 月上旬进行室内二次发酵及播种，10 月上中旬至 11 月上旬进行覆土，10 月下旬至翌年 5 月上旬出菇。由于冬季菇品质优，市场价格高，为了出好秋冬菇，应根据当地气温，适时备料，待秋季气温降到 25℃以下时及时播种，力争早出菇，争取春节前出 2～3 潮菇，春节后气温升到 8℃以上时，又可采收 2～3 潮菇。

（二）菌种生产

1. 一级菌种生产

双孢蘑菇用 PDA 培养基或改良 PDA 培养基做一级菌种。改良 PDA 培养基配方为：去皮马铃薯 200 g（煮汁）、葡萄糖 20 g、磷酸二氢钾 2 g、硫酸镁 0.5 g、琼脂 20 g，pH 值自然，制成培养基 1 000 mL。一级菌种生产方法参照第四章"食用菌菌种生产技术"中，"常规固体菌种生产技术"中的"一级菌种生产技术"有关内容生产即可。

2. 二级菌种和三级菌种生产

二级菌种和三级菌种又分别称为原种和栽培种，其生产技术基本相同，具体如下。

（1）培养料参考配方

①谷粒培养料：谷粒 97%、石膏粉 2%、石灰粉 1%，含水量 49%～

51%，pH 值 7.5～8.0；

②麦粒培养料：麦粒 88%、谷壳 10%、石膏粉 1%、石灰粉 1%、含水量 58%～62%，pH 值 7.5～8.0；

③腐熟粪草培养料：腐熟麦秸或稻秸（折干）77%、腐熟牛粪（折干）20%、石膏粉 2%、石灰粉 1%、含水量 58%～62%，pH 值 7.5～8；

④腐熟棉籽壳培养料：腐熟棉籽壳（折干）97%、石膏粉 2%、石灰 1%、含水量 58%～62%，pH 值 7.5～8。

（2）培养料配制

谷粒（麦粒）培养料配制：谷粒、麦粒提前 1～2 天用石灰水浸泡，吸足水分，捞出后用清水冲洗；沸水煮 20～30 分钟至没有白芯且表皮不破，捞出后摊开冷却后备用。谷壳提前 2～3 天预湿，预湿时可加入部分石灰；按配方将谷粒（麦粒）与石膏粉（和谷壳）充分拌匀，再分装。

腐熟料培养料配制：稻秸或麦秸使用前切段，段长 2～3 cm，干牛粪粉碎；堆制时按配方将稻秸、麦秸、棉籽壳、牛粪粉、石膏等原料用石灰调节 pH 值至 9，充分拌匀拌湿后，建堆发酵，堆宽 1.5 m，高 1.2～1.5 m，长度不限；当料温达 65～70℃时进行第一次翻堆，以后将料温控制在 55～60℃之间，每次翻堆时根据需要补充 1%石灰水，含水量控制在 65%～70%之间；经过 4～5 次翻堆，培养料长满大量高温放线菌，料堆呈黄棕色或棕褐色，无大粪块，无严重氨味及霉味，略带香味，微有厩肥味，且有韧性，不易拉断，柔软有光泽；按照配方将预湿（煮）的稻草、谷壳、麦粒等与辅料混合，调节水分和 pH 值（pH 值为 7.5～8），然后进行分装。

（3）分装

①分装容器

二级菌种分装容器可使用 650～750 mL 耐 126℃高温的无色或近无色玻璃菌种瓶，或 850 mL 耐 126℃高温的半透明塑料菌种瓶，或 12 cm×24 cm 耐 126℃高温的聚丙烯菌种袋；三级菌种分装容器一般采用 12 cm×24 cm 耐 126℃高温的聚丙烯菌种袋，也可用菌种瓶分装。使用棉塞或满足滤菌和透气要求的无棉塑料盖封口。

②分装方法

装瓶：将配制好的培养料装入菌种瓶，装至瓶容积的 2/3 处，压实，倒立放入清水中并将瓶外壁及瓶口洗干净；用抹布擦干外壁及瓶口，用棉塞封口，用牛皮纸包扎棉塞及瓶口。装袋：将配制好的培养料装入菌种袋，装至瓶容积的 2/3 处，压实，紧贴料面套上塑料颈环并压紧无棉塑料盖封口。

（4）灭菌

二级菌种通常采用高压灭菌，三级菌种可采用高压灭菌或常压灭菌。相较于常规固体菌，双孢蘑菇菌种灭菌要求略高，具体如下。高压灭菌：将分装好的菌种瓶（袋）放入高压锅，排尽空气，0.105～0.15 MPa，温度121～126℃，保温杀菌2～3小时；灭菌结束后，压力表指针自然降至"0"时，取出菌种瓶（袋）移入冷却室，瓶（袋）料温冷却至25℃以下时备用。常压灭菌：常压，当温度达到98～100℃后，保温灭菌12～15小时；灭菌结束后，经自然冷却到70℃左右出锅，菌种袋料温冷却至25℃以下时备用。

（5）接种

菌种瓶（袋）料温冷却至25℃以下时，按照无菌操作在超净工作台或接种箱内接种。每支一级菌种接入4～6瓶（袋）二级菌种，即打开菌种瓶（袋）口，取2～3 cm长的一段一级菌种接入菌种瓶（袋）料面中央，然后再封上菌种瓶（袋）口；每瓶谷粒（麦粒）二级菌种接入30～50袋三级菌种，每瓶腐熟料二级菌种接入25～35袋三级菌种，即打开菌种袋口，用接种镊子将二级菌种捣碎，再将适量的二级菌种接入菌种袋料面上，然后再封上菌种袋口。

（6）培养及检杂

接好种的二、三级菌种，在23～25 ℃、相对空气湿度65%～70%、空气清新条件下培养到菌丝长满备用。二、三级菌种推荐在接种后3～5天进行第一次检查，在菌丝长满菌种袋（瓶）的一半时进行第二次检查，在菌丝基本长满菌种袋（瓶）时进行第三次检查（图5-90）。

图5-90　双孢蘑菇三级菌种

（三）栽培方式

双孢蘑菇采用的是发酵熟料栽培，且必须覆土出菇。目前国际上先进的工厂化栽培采用专用发酵隧道发酵栽培料，我国多采用二次发酵工艺发酵栽培料。国际上采用的覆土材料是营养配方土，而我国则是以改良田园土为主，少量用到草炭土。

1. 高产配方

按栽培面积 100 m² 计算配方，常用的培养料配方如下。

①杏鲍菇（金针菇）菌糠（折干）3 000 kg、干牛粪 2 000 kg、过磷酸钙 50 kg、生石膏粉 50 kg、熟石灰粉 100 kg；

②稻草 3 000 kg、干牛粪 1 750 kg、过磷酸钙 50 kg、尿素 20 kg、生石膏粉 50 kg、熟石灰粉 100 kg；

③稻草或麦草 1 300 kg、杏鲍菇（金针菇）菌糠（折干）1 500 kg，干牛粪 2 000 kg、过磷酸钙 50 kg、生石膏粉 50 kg、熟石灰粉 100 kg；

④杏鲍菇（金针菇）菌糠 2 500 kg、稻草 2 300 kg、菜籽饼 150 kg、尿素 25 kg、过磷酸钙 40 kg、硫酸铵 30 kg、熟石灰粉 75 kg、生石膏粉 100 kg。

2. 原料堆制

（1）原料准备及预处理

①牛粪准备及预处理

提前将牛粪晒干、粉碎后备用。在建堆前 7 天，将干牛粪预湿，每 100 kg 干粪加水 140～160 kg，湿度以用手紧握，指缝间有水为宜（含水量约为 60%）。拌湿后建堆，并用塑料薄膜覆盖，每隔 2 天翻堆一次。

②稻草或麦草准备及预处理

提前准备干稻草或麦草。在建堆前 1 天，用水浸泡或浇灌稻（麦）草，边浇边翻，使稻（麦）草吸足水分。早、晚将石灰撒在稻（麦）草堆上，表面淋湿，堆放 1 天。

③菌糠准备及预处理

以工厂化生产杏鲍菇、金针菇的新鲜菌糠为宜，即鲜菇采收后 1 周以内的、无杂菌或少污染的菌糠。在建堆前 1～2 天，去袋粉碎至直径小于 2 cm 的菌糠颗粒，边粉碎边加水，湿度以用手紧握，指缝间有水为宜（含水量约为 60%）。

④其他辅料准备

过磷酸钙、生石膏粉、熟石灰粉等辅料应提前根据播种面积备齐。

（2）一次发酵（图5‑91）

①一次发酵方法

建堆

发酵料堆

翻堆

图5‑91　双孢蘑菇培养料一次发酵

在8—9月建堆，料堆宜南北向。堆料时，先铺一层菌糠（以稻草、麦草等为主料），厚30 cm、宽2.5 m，长度依场地而定。菌糠上铺一层约5 cm厚的牛粪，要铺平，踏实，然后再铺一层菌糠。按一层菌糠铺一层牛粪的方法，并逐层加水，下边几层少浇水，上边几层多浇水，达到四周有水溢出为宜。从第四层开始，将1/2量的过磷酸钙、石膏和石灰，均匀逐层加入至第十层。第一次和第二次翻堆后分别按同法加入1/4量的过磷酸钙、石膏和石灰，在最上边铺一层粪，层数以10～12层为宜。共翻堆3次，翻堆间隔应以温度为主要依据，当堆温由70～75℃开始下降时，及时翻堆。间隔参考天数为：6天、5天、4天。第一次翻堆后应增加料堆通气量，在翻堆时在料堆中心每隔40～50 cm直立一根直径4～8 cm的毛竹，堆好后再将毛竹拔出形成通气孔。

②一次发酵培养料腐熟要求

培养料腐熟程度为五至六成时，颜色呈浅咖啡色，略有氨气味，此时含水量约为 65%（用力握紧一把料，指缝间有 4～5 滴水），pH 值为 7.5～8。一次发酵又称初发酵或室外发酵，目的是经过一次发酵使草料得以软化，初步降解纤维素，便于基料吸水。同时，两次发酵使粪草经过两次巴氏灭菌，能达到灭菌基料的目的。

（3）二次发酵（图 5－92）

①二次发酵方法

在第三次翻堆后 2～3 天，将料堆到菇棚内的床面上，最上一层和最下一层不堆料，料厚 30～40 cm，进料后关闭门窗，用蒸汽增温，24 小时内菇棚内温度升至 40℃，料内温度快速升至 60～62℃，保温 36 小时左右；然后让料温逐渐降低至 50～55℃，保温 3 天左右，等降至 45～50℃，再保持 12 小时。当料温降至 45℃以下时，打开门窗，使料温迅速下降。整个二次发酵需要 6～7 天。

图 5－92 双孢蘑菇培养料二次发酵
（蒸汽增温）

②二次发酵培养料腐熟要求

二次发酵好的培养料又叫腐熟料。要求腐熟料物理结构好，草料较松软，吸水性及通气性好，无绿霉、青霉及链孢霉等杂菌，但含有丰富的放线菌、高温霉菌等有益微生物，大量白色放线菌遍及整个料层，培养料呈深咖啡色，无氨臭味，有略带甜面包气味的香味。草料有弹性，有光泽，一拉即断。

3. 播种（图 5－93）

及时把培养料均匀摊于出菇床架上，然后摊开整平料面，料厚 25 cm 左右，床中间稍高、两边稍低，对床上培养料稍加拍紧。将床架、地面打扫干净，准备播种。当料温降到 28℃以下

图 5－93 双孢蘑菇播种

时，开始撒播菌种，麦粒种播种量约为 0.6 kg/m²，棉籽壳或粪草菌种播种量约为 1.2 kg/m²。播种采用穴播和撒播相结合，先用 70％的菌种穴播。穴播采用已消毒的竹竿插入料中，播下一撮菌种，行距与株距均为 8～10 cm，播种深度为 2.5～3 cm，再将 30％菌种均匀撒于料面（撒播），最后压实打平，关闭门窗，保温保湿促进菌种萌发。

4. 发菌（图 5－94）

播种后 2～3 天，适当关闭门窗，将棚内空气相对湿度保持在 85％～90％，促进菌种萌发。若料温超过 28℃，应适当通风降温。3 天后，当菌种已萌发，且菌丝发白并向料面上生长时，适当增加通风量。7～10 天菌丝基本封面后，逐渐加大通风量，促使菌丝整齐往下吃料，菇房相对湿度控制在 80％左右。

图 5－94　双孢蘑菇发菌

5. 覆土

（1）覆土制备（图 5－95）

覆土配方（按 100 m² 计算）：准备壤土 4 m³，取田泥、塘泥经暴晒、捣碎，过筛（4～6 目），得到粗土粒径为 1.5～2.0 cm，细土粒径为 0.5 cm 左右，加谷壳 75 kg、石灰粉 15 kg，调节 pH 值为 6.8～7.2，含水量 18％～22％。也可用同样体积的草炭土进行覆土。

图 5－95　覆土制备

（2）覆土时间

当菌丝吃料 2/3 以上，大部分菌丝接近培养料底部时开始覆土。在正常的栽培季节，覆土时间一般为播种后 16～20 天。

（3）覆土操作（图 5－96）

将各种规格的土粒（粒径 0.5～2.0 cm）混合在一起，一次性覆盖在菌床上，覆土层厚度为 3 cm 左右。

图 5－96　覆土操作

也可分两次覆土，即先将粗土覆 2～3 cm，过 2～3 天后再撒 1～2 cm 厚的细土。

（4）覆土期管理

在覆土前期（覆土后的 15 天内）将温度保持在 22～25℃，空气相对湿度保持在 80%～85%。覆土后期（覆土 15 天后）应加大通风量，增加空气相对湿度，使菇房空气相对湿度达到 90%，将菇房内温度控制在 14～18℃，促使子实体迅速形成。

6. 出菇管理

（1）出菇管理时期

在双孢蘑菇播种后 31～40 天，即覆土后 15～20 天，当菌丝普遍长到覆土层时，扒开上层覆土可看到许多米粒大小的白点，这些白点为线状菌丝变粗而形成的双孢蘑菇原基。在覆土缝中已有大量的绒毛菌丝长出时，即可进入出菇期管理。

（2）水分管理

当覆土层内出现米粒大小的白色小菇蕾时，应适时喷结菇水。结菇水是双孢蘑菇高产的水分保障，连续喷 2～3 天，每次喷到土层发亮，每次约喷 0.5 kg/m²，三次共喷约 1.5 kg/m²。当菇蕾长到黄豆大时，喷出菇水，每天喷 1～2 次重水，每次约喷 0.8 kg/m²，连续喷 2 天，每平方米总用水量为 3.2 kg 左右。喷重水后，停止喷水 2～3 天，然后恢复正常喷水，即每天喷 1～2 次，轻喷勤喷，少量多次，直到采菇。喷水要均匀、全面，不能有干湿不匀的现象。喷水量和喷水次数要根据菇的数量、大小，以及出菇时天气等情况而适当增减，在菇多、菇大、晴天时应多喷。

（3）通风管理

菇房要保持空气新鲜，随时注意通风换气，及时排出二氧化碳和其他废气。尤其是在第一至第三批菇出菇期间，气温高、出菇多，菇的需氧量大，更应加强菇房内的通风换气，保证菇体的正常生长和发育。在正常气候条件下，可采取长期持续通风的方法，根据双孢蘑菇的生长情况和菇房结构、保温、保湿性能等特点，选定几个通风窗长期开启。

（4）温度管理

在 8～18℃温度下，双孢蘑菇子实体粗壮、结实，且产量较高（图5-97）。温度高于 22℃时，双孢蘑菇子实体发育快，肉质疏松，易开伞，品质下降。温度过高时应设法降温，如在向阳一侧加厚薄膜上的覆盖物，并多开门窗通风降温。在中午气温高时关闭门窗，清晨晚间气温低时再开窗通风，在地面或墙壁上适当喷水也可达到降温的目的。在温度低时，应加强防寒保温工作，避免在低温的夜晚及清晨换气，中午外界气温较高时，可以开南面窗进行通风，也可以加温维持菇房温度稳定，增加产量。

7. 采收

（1）采收标准及方法

当子实体达到八分成熟时，应及时采收。根据出菇情况，隔天或每天采收，必要时可每日分上午和下午两次采收。前期多采用旋菇法采收，后期采用拔菇法采收。采收的双孢蘑菇鲜品如图 5-98 所示。

（2）采收后恢复

每潮菇采收完毕后，应及时整理床面，停止喷水 5～7 天，待菌丝恢复生长以后，参照上述出菇管理方法进行管理。

图 5-97　双孢蘑菇出菇

（四）废菌料处理

栽培双孢蘑菇产生的废弃物应分类进行无害化处理。栽培过程中产生的废弃物应进行分类收集，就地进行无害化处理或交由专业的废弃物处理企业进行无害化处理。栽培双孢蘑菇后的废菌料

图 5-98　双孢蘑菇鲜品

是农林作物较好的有机肥料，废菌料经堆沤（苗床肥）或不作特别处理，可作为良好的栽培农林作物肥料。

第八节　大球盖菇

大球盖菇（*Stropharia rugosoannulata*）属真菌界、担子菌门、伞菌纲、伞菌目、球盖菇科、球盖菇属，又名赤松茸、酒红球盖菇、皱环球盖菇，是联合国粮农组织（FAO）向发展中国家推荐栽培的营养、健康的食用菌品种。1922 年，美国首先进行野生大球盖菇的菌种分离和人工栽培试

验。20 世纪 70 年代，波兰、匈牙利等地开始推广栽培。1980 年，上海市农业科学院从波兰引进菌种，试栽成功。1990 年后，福建省三明市真菌研究所进行栽培试验和示范推广。2010 年后，大球盖菇栽培面积逐年扩大，尤其是大球盖菇的稻田生态栽培和林下栽培模式在全国范围内获得推广。2018 年，湖南省食用菌研究所从芦苇地采集到 1 株大球盖菇菌株，经驯化成功，已在全国各地推广。

2021 年，全国农技中心下发了《长江中下游地区大球盖菇冬季稻田生态栽培技术集成与示范推广方案》，旨在利用长江中下游地区冬季闲田开展大球盖菇生态栽培工作，提升稻田综合种养经济效益。

发展大球盖菇生产可助农增收，经济效益显著。据相关专家核算，武汉地区采用现有蔬菜大棚栽培大球盖菇，亩产值为 20 000～24 000 元，生产者当年每亩净收入为 8 000 元；在山东德州地区，采用林下简易生态栽培模式生产大球盖菇，亩销售收入 16 000 元，每亩净收入 3 600 元。

发展大球盖菇生产可带动农村发展，社会效益显著。食用菌是劳动密集型产业，大球盖菇播种和采收环节尤耗劳动力。目前，我国发展大球盖菇-水稻轮作的种植模式，水稻收获后正值冬季农闲，农村部分劳动力闲置，此时衔接种植大球盖菇能够释放劳动需求，同时大球盖菇的采收和修剪也可增加广大农村老龄人口收入，对农村社会稳定和乡村文明建设具有重要意义，助力乡村产业振兴。

一、生物学特性

（一）形态特征

大球盖菇（图 5-99）子实体单生或丛生，嫩时白色，成熟后菌盖呈葡萄酒红色或红褐色，老熟后为褐色至灰褐色；菌盖初期呈半球形，后期平展，直径可达 25 cm，表面有纤维状白色鳞片；菇肉白色肥厚；菌柄白色，有菌环，长度可达 15 cm，直径可达 4 cm，基部渐粗；菌环具深褶皱，易脱落；菌褶初生时为白色，成熟时呈紫灰色；在生产栽培中，因栽培方式及管理的不同，大球盖菇形态与色泽变化极大。大球盖菇菌丝为白色，直径为 3.0～5.0 μm；表面有尖刺状的棘细胞，双核菌丝有锁状联合。

图 5‑99 大球盖菇

（二）生活习性

野生大球盖菇主要分布于欧洲、南北美洲，以及亚洲的温带地区，通常在春季和秋季出现于草丛、林缘、园地、垃圾场、木屑堆或牛马粪堆。我国野生大球盖菇资源主要分布于云南、湖南、四川、西藏、甘肃、吉林、陕西等地。在我国中南地区，大球盖菇在自然条件下的出菇时间一般为 3 月至 4 月上旬和 10 月下旬至 12 月上旬。

1. 营养

大球盖菇为草腐菌，营养需求主要是碳源和氮源。大球盖菇的菌丝在生长过程中可产生分解纤维素、半纤维素和木质素的系列酶类，因此富含纤维素、半纤维素和木质素的稻草、谷壳、玉米芯、麦秸、木屑、芦苇等均可作为栽培大球盖菇的碳源。菌丝生长过程中对氮源的选择差异不明显，但是菌丝对氮源浓度极敏感。在无氮源的情况下，大球盖菇菌丝能快速生长，但长势极微弱；低浓度氮可促进菌丝分支，长势强；高浓度氮则显著抑制菌丝生长。

2. 温度

大球盖菇属中低温型菇，温度是影响其菌丝生长、原基分化的关键条件之一。菌丝在 5～30℃范围内可生长，最适温度为 23～27℃；温度为 5～

10℃时菌丝生长缓慢，低于5℃时菌丝停止生长但不会死亡；温度为35℃时菌丝停止生长甚至死亡。原基形成的温度条件为10～20℃；子实体生长最适温度为16～21℃。在不同温度条件下，子实体性状有明显差异，低温（日均气温15.7℃）时子实体粗壮肥厚，单菇质量较大，品质好，不易开伞。

3. 水分

水分是大球盖菇菌丝和子实体生长的关键因素之一。菌丝体的生长培养料含水量宜在65%～70%，原基分化和菇蕾形成时需保持空气相对湿度为90%～95%，子实体生长需要的空气相对湿度在85%～95%为宜。

4. 空气

大球盖菇是一种好气性真菌，空气中氧含量可影响大球盖菇菌丝生长及子实体的形成。大球盖菇在发菌阶段对氧气的要求不太严格，二氧化碳含量可以达到2%；在出菇期间需要更多的氧气，二氧化碳含量应低于0.15%。新鲜空气可使菌丝和子实体快速健壮生长，在子实体生长期，大棚内若通风不良，会导致菇柄变长、品质下降。

5. 光照

大球盖菇在菌丝生长阶段不需要光照，但在原基分化和子实体生长发育阶段需要散射光刺激，适宜光照强度为100～500 lx。

6. pH值

栽培基质的酸碱度可能通过影响大球盖菇胞外酶的活性而影响营养物质的吸收，进一步影响菌丝生长和子实体的形成。大球盖菇生长的pH值范围为4～11，以pH值5～7的微酸性环境较适宜，播种时用生石灰调节pH值至7.5为宜。随着菌丝的生长，栽培基质的pH值会缓慢降至最适宜范围。

二、栽培技术

（一）生产季节

大球盖菇适宜的播种温度范围为8～25℃，可在春秋两季栽培，春栽气温回升到8℃以上，秋栽气温降至25℃以下即可播种。各地可根据当地气候条件确定最适播种期，在温度可调控的设施条件下栽培，可以适当提前或延后栽培。湖南省内栽培，可在10月中旬至12月上旬播种，11月下旬至翌年 4 月出菇；春季栽培在 1—2 月播种，3—5 月出菇。

（二）菌种生产

1. 一级菌种生产

大球盖菇一级菌种生产方法参照第四章"食用菌菌种生产技术"中，"常规固体菌种生产技术"中的"一级菌种生产技术"有关内容生产即可。

2. 二级菌种和三级菌种生产

二级菌种和三级菌种又分别称为原种和栽培种，其生产技术基本相同，具体如下：

（1）培养料配方

①二级菌种配方

配方一：麦粒 88%、谷壳 10%、石灰 1%、石膏 1%，含水量 58%～62%。

配方二：阔叶树木屑 78%、麸皮 20%、石灰 1%、石膏 1%，含水量 58%～62%。

配方三：玉米芯 25%、阔叶树木屑 30%、稻草粉 28%、麸皮 15%、石灰 1%、石膏 1%，含水量 58%～62%。

②三级菌种配方

配方一：玉米芯 50%、阔叶树木屑 48%、石膏 1%、石灰 1%，含水量 60%～64%。

配方二：阔叶树木屑 78%、谷壳 10%、麸皮 10%、石膏 1%、石灰 1%，含水量 60%～64%。

配方三：小麦粒 25%、稻草 63%、麸皮 10%、石膏 1%、石灰 1%，含水量 60%～64%。

（2）培养料配制

木屑、玉米芯、稻草、谷壳等提前 2～3 天预湿，预湿时可加入部分石灰；麦粒提前 1～2 天用石灰水浸泡，吸足水分，捞出后用清水冲洗，然后用沸水煮 20～30 分钟直至没有白芯且表皮不破，捞出后摊开冷却备用；按照配方将预湿（煮）的木屑、玉米芯、稻草、谷壳、麦粒等与辅料混合，调节水分和 pH 值，拌料时 pH 值为 7.5～8，灭菌后最适 pH 值为 6.0～6.5，然后进行充分搅拌混合均匀，再进行分装。

分装、灭菌、接种、培养及检杂可参照第五章第七节"双孢蘑菇"菌种生产对应部分。

（三）栽培方式

1. 高产配方

可用来栽培大球盖菇的原料较多，栽培主料有稻草、玉米芯、芦苇、稻壳、麦秸、杂木屑等，辅料有麸皮、豆粕、米糠、玉米粉等，提供矿质元素的有石灰、石膏等，但不能用桉、樟、槐、楝等含有害物质的树种及松、杉、柏等含油脂的树种的木屑，原材料用量为每亩 4 500～6 000 kg。以下三个配方在不同地方获得过较好的栽培效果，生产者可根据本地原料特色选用。

①稻草 80%、稻壳 18%、生石灰 2%。

②稻草 48%、木屑 35%、稻壳 15%、生石灰 2%。

③芦苇 70%、稻壳 12%、麸皮 15%、生石灰 2%、石膏 1%。

2. 原料堆制

（1）原料预湿

主料应根据其吸水难易程度提前预湿，杂木屑应提前 3～4 天预湿，玉米芯、芦苇、稻草等应提前 2～3 天预湿。预湿时可直接用清洁无污染的水喷淋，每天喷水 3 次，每次 20～30 分钟，水量以确保无水流出为宜。第 2 天可在料面撒一层石灰粉，用量为 0.5%～1%，在预湿期间需翻堆 1～2 次，使原料均匀吸足水分。

（2）建堆发酵

①建堆

建堆发酵时，先在底层铺 20～30 cm 厚的稻草或其他用量最大的主料，再将稻草及其他原料混合均匀进行堆积，堆宽 2.0～2.5 m，高 1.2～1.5 m，长度不限。料堆堆好后，从料堆顶部至底部自上而下用木棍打 2 排直径 10 cm 左右的通气孔。

②翻堆

当料堆温度达到 60℃时，保持温度，2～3 天后翻堆，翻堆时将外层低温料翻到内层，把内层高温料翻到外层，重新建堆和打通气孔，同时结合翻堆对较干的料进行补水。翻堆后当料温再次达到 60℃时，保持 2～3 天再进行下一次翻堆，在发酵过程中翻堆 2～3 次。

③发酵料标准

发酵好的栽培料呈深咖啡色或棕褐色，质地松软有弹性且无酸臭气味，含水量为 60%～63%，pH 值为 7.5～8.0。栽培料发酵好后应及时散堆降温，当料温降到 28℃以下时，即可铺料播种。

3. 搭棚

大球盖菇栽培分为设施大棚栽培、简易大棚栽培及露天栽培，棚栽在水分、温度及光照调控上较为便利，因此产量较高且菇品质量较优，但搭棚需要额外成本，且不利于轮作复耕，生产者可根据实际情况选择。

（1）设施大棚（图5-100）

设施大棚宜在南北方向搭建，可选择镀锌钢管或水泥、竹木等材料作为大棚骨架。一般钢架和水泥大棚跨度为6～8 m，高度为2.5～3 m；竹木大棚跨度为6 m左右，高度为2～2.5 m。大棚长度可因地制宜，但应控制在20～50 m，不宜过长。大棚加盖保温棚膜和遮阳网，保温棚膜宜选用无滴膜。大棚四周应开好排水沟，沟宽0.5 m以上，沟深0.3 m以上，尤其要做好外排水沟，确保能及时排出雨水，积水不能淹过畦面。

图5-100 大球盖菇设施大棚

（2）简易大棚（图5-101）

简易大棚一般采用竹木或镀锌钢管作为大棚骨架，棚宽3～8 m，高1.8～3 m，长度应小于30 m，覆盖保温塑料棚膜和遮阳网。大棚四周应开好排水沟，沟宽0.4 m以上，沟深0.3 m以上，尤其要做好外排水沟，确保能及时排出雨水，积水不能淹过畦面。

图 5 - 101　大球盖菇简易大棚

4. 整地做畦

首先，在栽培场地四周挖好排水沟，排干积水；接着，将栽培场地翻耕一遍并整平；然后，把栽培场地整成中间稍高、两侧稍低的小畦，畦高8~10 cm，畦宽 70~80 cm，畦与畦之间留 30~50 cm 宽的畦沟。整地做畦完成后，用生石灰对栽培场地消毒，每亩用生石灰 40~50 kg。

5. 铺料播种

在畦床上进行铺料播种（图 5 - 102），料宽 60~70 cm，料间距或预留沟宽 50~60 cm，采用"铺三层料，播两层种"的方法，具体如下：

①铺三层料，从下往上第一层料厚 8~10 cm，第二层料厚 10~12 cm，第三层料厚 3~5 cm；

②播两层种，在第一层料与二层料间播第一层菌种，菌种用量为总用种量的 1/3，在第二层料与三层料间播第二层菌种，菌种用量为总用种量的2/3；

③播种时，将菌种掰成核桃大小的菌种块，顺着畦床进行点播，菌种块行距与株距均为 8~10 cm，铺料播种后用木板或手轻轻将料拍平压实，使料与菌种密切接触。

图 5 - 102　大球盖菇铺料播种

6. 覆土与覆盖遮阴物

完成铺料播种后，按照宽 40～50 cm、深 30～35 cm 的标准开沟。结合开沟，将沟土打碎后均匀覆于两边畦床栽培料上，覆土层厚 2～3 cm，然后再在覆土层上面覆盖 3～5 cm 的稻草、秸秆等遮阴物（图 5 - 103）。

图 5 - 103　大球盖菇栽培覆盖稻草

7. 发菌管理

（1）水分管理

发菌期，调控栽培料和覆土层水分，保持覆土层湿润，栽培料湿度为65%～75%。若覆土层和栽培料过于干燥，宜采取在畦床上面喷雾状水的方式增湿，也可采取在畦沟中灌水的方式，水不上畦面，让沟内的水慢慢渗入到栽培料内部，不宜采取大水漫灌的方式。

（2）温度管理

大棚内温度应保持在 10～28℃。当棚内温度低于 10℃时，宜盖上大棚棚膜保温；若棚内温度低于 4℃，可铺地膜进行保温；当棚内温度高于 28℃时，宜揭开大棚棚膜通风降温；若棚内温度高于 32℃，可通过在棚顶喷水降温。

（3）通气管理

培菌期间应保持棚内空气适当流通且新鲜，二氧化碳浓度应小于 1%。一般在播种 20 天后，当菌丝长至 2/3 以上，菌丝快长到底时，用铁钎插通气孔。一般在菌床上插 2 行，孔间距 30～40 cm，直径 2～4 cm，深 20～25 cm，打通气孔有利于培养料内部通气，促进菌丝健壮快速长到底。

8. 出菇管理

（1）水分管理

播种 50 天后，温度适宜时，喷洒一次出菇水至覆土层湿润，棚内空气相对湿度保持在 85%～90%，以促使菌丝扭结形成菇蕾。待菇床上产生大量子实体时，宜在菇床上适当喷雾状水，增大空气湿度以及补充栽培料和覆土层水分。根据天气和出菇情况，菇多、菇大且天气晴朗时多喷，菇少、菇小时少喷，阴雨天气且覆土层湿润时不喷。

（2）光照管理

养菌期间棚内有（弱光）无光照均可，出菇期间应通过掀开大棚侧边遮阳网给予 100～300 lx 的散射光，以刺激菇蕾形成。

（3）通气管理

出菇期间应保持棚内空气流动且清新，二氧化碳浓度应小于 0.15%。一般每采收一潮菇后，应用铁钎插通气孔，通常在菌床上插 2 行，孔间距 30～40 cm，直径 2～4 cm，深 10～20 cm。

（4）温度管理

出菇期间应保持棚内温度在 12～25℃。当棚内温度低于 12℃时，可盖上大棚棚膜保温；当棚内温度高于 25℃时，可揭开大棚棚膜通风降温。

9. 转潮管理

每一潮菇采收后，清理畦面，清除病菇、死菇，补平覆土，加大通风量，停水 3～5 天，降低棚内空气相对湿度至 75% 左右，调控棚内温度在 20～26℃，让基料内菌丝恢复生长。养菌 5～7 天后，喷出菇水，按上述第 8 点进行出菇管理，一般可采收 3～5 潮菇。

10. 采收加工与储运

（1）采收

大球盖菇采收适期为子实体呈钟形，菌膜未破裂或刚破裂时，最迟应在菌盖内卷，菌褶呈灰白色时采收，以没开伞的为佳。在大球盖菇采摘时，用拇指、食指和中指捏住菇柄的下部，轻轻扭转，松动后再向上提取，注意不要带动边缘幼菇。采过菇后，菌床上留下的洞穴宜及时用覆土补平，清除留在菌床上的残菇。为保证菇品质量，每天宜采摘2次，早上7：00—9：00点为最佳采摘时间，每次采摘后应及时补充水分。采收后的大球盖菇鲜品如图5－104。

图5－104　大球盖菇鲜品

（2）加工

将采下的菇小心放入筐内进行田间运输，运至初加工车间。去除菇柄基部残留的泥土和培养料等，按照菇的产品规格大小整理、分拣，用塑料袋包装或直接摆放在泡沫箱或塑料筐内及时销售。大球盖菇以鲜销为主，也可进行速冻、盐渍、制罐和干制加工。需注意的是，由于大球盖菇菇柄较粗，菇盖较厚，干制时宜采用脱水机烘干。

（3）储运

大球盖菇不得与有毒、有害、有异味、易挥发的物品一起储运。鲜品运输时车内温度应在2~5℃，空气相对湿度为90%~95%。

（四）废菌料处理

栽培大球盖菇后的废菌料是农林作物较好的有机肥料，废菌料不需特别处理，直接用于栽培农林作物，可获得较好的栽培效果。大棚栽培大球盖菇后，宜间作一茬农作物，再次栽培大球盖菇。

（五）大球盖菇的加工

1. 大球盖菇干品加工实例

大球盖菇个头大，菇体的含水量较高，宜选用烘干机或电热鼓风干燥机在烘房内进行烘干，其工艺如下。

（1）工艺流程

原料→切片→装筛→调温定型→菇片脱水→菇片干燥→成品。

（2）操作要点

切片：用竹片刮除大球盖菇菇体的鳞片和菇脚泥沙，清洗后切片。

装筛：将菇片摆放在烘烤筛上。烘烤前将烘干机（房）预热至45～50℃，待温度稍降低，再把菇片筛排放在烘房的供筛层架上，排放好后关上烘房门，开机进行烘烤干制。

调温定型：烘烤的起始温度为30～35℃。菇体受热后，表面水分迅速蒸发，此时应打开全部进、排气窗，以最大通风量排出水蒸气。随即将温度降至26℃，保持3小时，防止损坏菇形，使菇色泽变黑，商品价值降低。

菇片脱水：烘温26℃保持3小时后开始升温，以每小时升高2～3℃为宜。维持4～6小时，至45℃时停止升温，保持恒温，促使菇片内的水分大量蒸发。升温时要及时开、闭气窗，调节菇片相对湿度达10%，以确保色泽固定。升温阶段还要适当调整上、下层烘筛的位置，使菇片干燥度均匀一致。

菇片干燥：由45℃恒温缓慢升至55℃需4～5小时，当烘至八成干时，应取出菇片晾晒1～2小时后再上架烘烤，将双气窗全闭烘制1小时，烘至用手轻折菇片易断，并发出清脆响声时烘烤结束。

成品：将烘烤后的大球盖菇干品（图5-105）装于塑料食品袋内，每袋装干品500 g或1 kg，密封袋口，置入瓦楞纸箱内，每箱装干品5 kg，既便于贮藏保存，又利于外销。

图5-105　大球盖菇干品

2. 大球盖菇酒加工实例

（1）工艺流程

原料→制备大球盖菇提取液→搅拌调味→消毒杀菌后灌装。

（2）操作要点

制备大球盖菇提取液：称取干大球盖菇 10～20 g、菊花 30～60 g、枸杞 35～70 g 和红枣 20～40 g，称重、清洗；称量后将干大球盖菇切段，红枣去核切片，然后将各种原料混合，加入原料总重量 15～20 倍的水，加热至沸腾，保持微沸状态下煎煮 1.5～2 小时；煎煮后采用四层纱布进行过滤，所得滤液在 1～5℃条件下静置 12～24 小时，取上清液在 5 000 r/min 的条件下离心 15 分钟，离心后吸取上清液；将上清液浓缩至相对密度为 1.1～1.2，得到大球盖菇混合提取液，在 40℃下保存备用。

搅拌调味：在称取的大球盖菇混合提取液中加入优质纯高粱酒进行充分搅拌，然后在 1～5℃条件下静置冷藏，静置时间为 5～12 小时；静置后在 5 000 r/min 条件下离心 15 分钟，吸取上清液；在所得上清液中加入称取的蜂蜜和柠檬酸进行调味，搅拌均匀，得到大球盖菇酒半成品。

消毒杀菌后灌装：将所得大球盖菇酒半成品进行高温杀菌，杀菌温度为 120℃，杀菌时间为 10 秒；杀菌后采用紫外线对灌装瓶进行消毒，然后在 20～25℃条件下进行无菌灌装，得到产品大球盖菇酒。

3. 大球盖菇辣椒酱加工实例

（1）工艺流程

原料预处理→混料→压榨与粉磨→膨化→拌料→浸渍→包装与灭菌。

（2）操作要点

原料预处理：将新鲜无霉变并清洗除杂的大球盖菇用 2% 的盐水浸泡 10～15 分钟，捞出冲洗，沥干后切成大球盖菇颗粒备用；将朝天椒与大蒜分别剁碎备用；将香料分别磨细成粉末备用。

混料：将预处理后的原料作为选取对象，根据酱料配方取朝天椒、大蒜、香料、食盐、鸡粉、白酒混匀并装入容器，密封冷藏 24 小时以上后取出，制成酱料。

压榨与粉磨：将制得的酱料用压滤布包裹后进行压榨，将压榨得到的汁液与水按 1：（1～3）的比例混匀制得料汁备用；然后将压滤布残留的料渣炒干并磨细成超细粉料。

膨化：将预处理后的大球盖菇颗粒放入密闭的压力罐内，加热，使大球盖菇内水分不断蒸发，在压力罐内压力变为 80～120 kPa 后，打开压力罐泄压阀，使水分闪蒸，即得膨化料。

拌料：将膨化料与得到的超细粉料按 1：（0.2～0.9）的重量比例放入高压搅拌罐内常压搅拌 3～8 分钟，然后在高压搅拌罐内充入低温氮气，在低温下加压搅拌 2～5 分钟后，进行多次低幅度降压，直至降为常压后取出，制得预混料。

浸渍：将预混料与所收集的料汁按 1∶（1～3）的重量比例混匀并在低温下存放 12 小时以上后，制成大球盖菇半成品辣椒酱。

包装与灭菌：将半成品大球盖菇辣椒酱放入包装袋或包装瓶内充氮进行密封包装，采用紫外消毒杀菌后，即制得成品大球盖菇辣椒酱（图 5‑106）。

图 5‑106　大球盖菇辣椒酱

第九节　竹　荪

竹荪（*Dictyophora indusiata*），也叫竹参，属真菌界、担子菌门、腹菌纲、鬼笔目、鬼笔科。竹荪被人们称为"雪裙仙子""山珍之花""真菌之花""菌中皇后"等，其营养丰富，香味浓郁，滋味鲜美，还具有一定的防腐功能，竹荪自古就被列为"草八珍"之一，同时还具有滋补强壮、益气补脑、宁神健体、补气养阴、润肺止咳、清热利湿等功效。此外还能够保护肝脏，减少腹壁脂肪的积存，俗称"刮油"的作用，从而产生降血压、降血脂和减肥效果，现代医学研究证明，竹荪含有能抑制肿瘤的生物活性成分，是一种名贵的保健食品。

不同品种的竹荪分布区域有所不同。长裙竹荪夏秋季生于竹林或其他林内、园林中地上，群生或单生，分布于中国热带或亚热带地区。短裙竹荪夏秋季生于地上，单生或群生，分布于河北、辽宁、黑龙江、吉林、江苏、浙江、四川等地。棘托竹荪生长在竹及其混交林中，生长期为 6—9 月，以 7—8 月为生长高峰。棘托竹荪被发现于湖南西南与贵州接壤地区，湖南怀化地区有其分布，当地老百姓一般在 6—7 月上山采摘。此菌具有浓郁的特殊气味，口感细嫩浓香，是一道很好的美味佳肴。

湖南属亚热带季风湿润气候区，温度适中，春夏季多雨，全年无霜期长，这一气候特征十分适宜竹荪生长发育，发展竹荪标准化种植气候条件极为适宜。同时，湖南毛竹面积大，近年来竹木加工业发展迅速，竹木加工业废料很多，因此发展竹荪种植的原料极为丰富。

一、生物学特性

（一）形态特征

竹荪菌丝体为白色，菌丝延伸前沿扭结成索状，菌索以树枝状向料内延伸，后菌丝逐渐连成一片。竹荪子实体随栽培品种不同而略有差异，主要栽培品种有长裙竹荪、短裙竹荪、棘托竹荪和红托竹荪。

1. 长裙竹荪（图5－107）

长裙竹荪的子实体中等至较大，高12～20 cm，幼时为卵状球形，后伸长。菌托呈灰白色或淡紫色，直径3～5.5 cm。菌帽高宽各3～5 cm，钟形，具微臭而呈暗绿色的孢子液，有显著网格，顶端平，有穿孔。菌幕为白色，从菌帽下垂达10 cm以上，网眼为多角形，宽5～10 cm。柄白色，中空，壁为海绵状，基部粗2～3 cm，向上渐细。

图5－107　长裙竹荪

2. 短裙竹荪（图5－108）

短裙竹荪子实体较大，高12～18 cm。菌托为粉灰色，直径4～5 cm。菌帽高宽各3.5～5 cm，钟形，内含有绿褐色臭而黏的孢子液，顶端平，有一穿孔。菌幕为白色，从菌帽下垂直3～5 cm，网眼圆形，直径1～4 cm。

3. 棘托竹荪

棘托竹荪子实体较小，其形态近似长裙竹荪。菌帽高2.5～3.5 cm，宽2.5～3 cm，近钟形，薄而脆，具网格，有一层褐青色黏液（孢子液）。菌裙为白色，长约10 cm，网格呈多角形。菌柄长9～15 cm，粗2～3 cm，海绵质，白色。菌托为白色或浅灰色，后期渐呈

图5－108　短裙竹荪

褐色或稍深，具柔软的刺状凸起，初为白色，后因失水或光照而色变深，其下面有无数须根状菌索，伤处不变色。初期菌蕾呈球形或卵圆形，直径2～3 cm。

4. 红托竹荪（图5-109）

红托竹荪子实体群生，为清香型，中等大小，高12～20 cm。菌帽呈钟形，凹陷形成网格，网格较浅；孢子少，幼时为棕绿色，成熟后为黑色，椭圆形，表面有凹陷。菌裙占整株高的50%～60%，上部褶皱多，中部较厚，下部裙摆大。菌柄为棒状，顶部略小，肉质由3层不规则网孔构成，直径3～5 cm，长10～18 cm。菌托薄，质量占整

图5-109　红托竹荪

株的40%～50%，粉红色，受到强光或雨水冲洗后变为紫色或紫蓝色。近年来，红托竹荪栽培技术日益成熟，单产不断提高，生产规模不断扩大，我国云南、贵州等山区成为其主产区，湖南也有人开始试验栽培。

（二）生活习性

从20世纪80年代开始，科技人员开始对竹荪进行生境调查、生物学特性研究及驯化栽培。近年来，福建省三明市真菌研究所、湖南省食用菌研究所等科研单位的科技人员更是在福建、湖南、江西等省多地开展竹荪大田栽培技术推广，取得了较为丰富的生产经验，为我国的竹荪推广工作奠定了良好的技术基础。

1. 营养

竹荪是一种腐生真菌，对营养物质的专一性不强，与大多数腐生真菌营养需求基本相同，其营养包括碳源、氮源、无机盐和维生素。野生时多生长于毛竹、平竹、苦竹、慈竹等竹林里，以分解死亡的竹根、竹竿和竹叶等为营养源生长，其生长土质有黑色壤土、紫色土、黄泥土等。生产中可利用竹鞭、竹叶、竹枝及竹加工下脚料，阔叶树木屑、玉米芯、玉米秆、豆秸、麦秸等为碳源，以尿素、豆饼、麸皮、米糠、禽畜粪便等为氮源，也可加入适量的磷酸二氢钾、硫酸钙、碳酸钙、硫酸镁等无机盐。维生素

在麸皮、米糠、秸秆等植物性原料中含量丰富，一般不需另行添加。

2. 温度

竹荪是典型的中温偏高温型菌类，菌丝生长温度为 8～30℃，最适温度为 15～28℃。低于 8℃或高于 35℃时，菌丝生长缓慢。竹荪子实体形成温度为 17～29℃，适宜温度为 20～24℃。高于 28℃时，子实体生长缓慢，生长势弱，35℃以上时，停止生长；低于 15℃时，发育减慢，菌球萎缩或出现畸形。需要指出的是，这里的温度是指菌丝和子实体生长所处的环境温度，即培养基所处的地下 5～20 cm 深和子实体分化的地下 1～3 cm 深的温度，栽培时要注意此点。

3. 湿度

这里的湿度包括培养基含水量、土壤含水量及空气相对湿度 3 个方面。竹荪在生长过程中对湿度条件要求较高。在菌丝生长阶段，要求培养基含水量达 60%～70%。含水量低于 50% 时，菌丝生长受阻；含水量低于 30% 时，菌丝休眠或死亡；含水量过高，则通气性差，亦会抑制菌丝生长或使其窒息死亡。子实体形成要求空气相对湿度为 85%～90%，土壤含水量达 20%。空气相对湿度低于 80% 时，子实体生长缓慢或表面龟裂，易产生畸形菇。

4. 空气

竹荪属好气性真菌。无论是菌丝生长还是竹荪蛋形成及子实体生长发育，都需要充足的氧气。培养基质或土壤中氧气充足，菌丝生长或子实体形成都较快。没有足够的氧气，竹荪菌丝生长缓慢甚至会死亡，子实体易产生畸形。但栽培时须注意，在竹荪撒裙时，要避免风直接吹菇，否则易出现畸形菇。

5. 光照

竹荪菌丝生长不需要光照，有光照会延缓菌丝生长速度且易导致菌丝衰老，而原基发生和子实体最后形成需要有一定的散射光，以 100～300 lx 为宜。光照太弱，影响子实体分化；强光直射，则导致子实体生长受阻、萎缩。

6. pH 值

竹荪喜偏酸性的生活环境。菌丝生长阶段要求培养料的 pH 值为 5～6.0。若 pH 值大于 7.5，菌丝生长受阻。子实体发育阶段 pH 值以 4.6～5.5 为宜。

7. 土壤

这里主要指覆土。竹荪在菌丝生长阶段，没有土壤仍然能发育良好，但到生殖生长阶段，即竹荪蛋分化阶段，没有土壤，竹荪蛋就无法形成。覆土是竹荪栽培中必不可少的重要条件之一。

二、栽培技术

本文所述栽培技术为长裙竹荪栽培技术，前述内容中，除特别指出外，所述竹荪均为长裙竹荪。

（一）生产季节

一般在 12 月至翌年 4 月底，日均温度 10～16℃ 为竹荪播种最佳时期。过去，我国南方一般在清明前后播种，发菌期为 3 个月左右，端午节后开始出菇，至中秋节前采收结束，一般可采 4～5 潮菇。现多在冬季（12 月至翌年 1 月）播种，采用低温发菌，有利于播种后菌种萌发，杂菌污染率低，发菌质量好，来年较易稳产高产。堆料一般在 10 月份开始进行。

（二）菌种生产

1. 一级菌种生产

一级菌种又称为母种，竹荪用 PDA 培养基或加富 PDA 培养基做一级菌种。加富 PDA 培养基配方：马铃薯 200 g、磷酸二氢钾 3 g、葡萄糖 20 g、硫酸镁 1.5 g、维生素 B_1 10 mg、琼脂 20 g、水 1 000 mL（制成培养基 1 000 mL）。竹荪一级菌种生产方法参照第四章"食用菌菌种生产技术"中，"常规固体菌种生产技术"中"一级菌种生产技术"相关内容生产即可（图 5 - 110）。

图 5 - 110 竹荪三级菌种（脱袋）

2. 二级菌种和三级菌种生产

二级菌种和三级菌种又分别称为原种和栽培种，可用木屑培养基制作

二级菌种或三级菌种。二级菌种和三级菌种培养基配方：木屑 69%～72%，
麸皮 25%～30%，石膏 3%，料水比 1：1.1，pH 值为 5～5.5。竹荪二、三
级菌种生产方法参照第四章"食用菌菌种生产技术"中，"常规固体菌种生
产技术"中"二级菌种和三级菌种生产技术"有关内容。

（三）栽培方式

1. 高产配方

可用来栽培竹荪的原料较多，诸如竹业加工下脚料（竹屑）、竹根、竹
鞭、竹枝，阔叶树的树枝、木屑，农作物下脚料如谷壳、油菜秆、豆秆、
麦秆、玉米芯、棉籽壳等均可以使用，但不能用桉、樟、槐、楝等含有害
物质的树种及松、杉、樟等含油脂的树种的木屑。以下三个配方在不同地
方获得过较好栽培效果，生产者可根据本地原料特色选用。

①每亩竹屑 5 000 kg、谷壳 500 kg、尿素 50 kg、轻质碳酸钙（$CaCO_3$）
50 kg、有机肥 40 kg。

②以竹业加工下脚料为主料，在原料中可加入 0.2% 过磷酸钙或 0.5%
人粪尿，促使原料发酵腐熟。

③竹屑 80%，木屑、秸秆等其他原料 20%。在原料中可加入 0.2% 过
磷酸钙或 0.5% 人粪尿，促使原料发酵腐熟。

原料含水量为 60%～70%，pH 值为 5～5.5，每公顷需栽培原料 75～
90 t，即每亩 5～6 t。

2. 原料堆制

（1）第一次建堆

堆高 1.2～1.5 m，宽 3～4 m，
长度以操作便利为准。先铺一层
30 cm 厚的主料，再将辅料均匀撒
在主料上，一边铺料一边加水，
加水量以手抓紧略有水渗出为宜
（含水量 60%～70%），底部应适
当少加水，上部应适当多加水，
总共铺 5～6 层，最后一层主料上
不加辅料（图 5 - 111）。

图 5 - 111　竹荪栽培堆料

（2）翻堆

培养料共堆制 50～60 天，堆内温度达到 65℃，每 15 天左右应翻堆一次，共翻堆 2～3 次。翻堆时将四周的料翻到中间，并调节水分。翻堆时，堆高和堆宽尽量不变，可适当缩短堆长，利于后续发酵。

（3）发酵料质量要求

培养料经过 2 个月左右的发酵处理，竹屑、木屑等原料已腐熟变软、疏松，具有更好的吸水性，颜色呈黄褐色至黑褐色，含水量为 65%～70%，pH 值为 5～6，具淡淡的竹、木味，无酸臭等异味。

3. 下料播种

（1）场地选择与准备

应选择交通便利、冬暖夏凉、背风保湿、水源充足、排水良好、土壤腐殖质高的水田、农地等作为栽培场地。栽培场地应预先进行深耕、平整、清除杂草，田四周要开好围沟，围沟大小要根据当地降水量来定，种植竹荪的田地在最大降水时应无积水。播种前 7～10 天，每亩撒石灰粉 50 kg 杀虫灭菌。竹荪采用畦栽，畦宽 70 cm，高 10～15 cm，畦面呈瓦背状，畦四周要有排水沟，沟宽 25～35 cm，在铺料时就要量好尺寸，预留好畦沟，可结合覆土开挖畦沟。

（2）铺料、播种与施肥

铺料（图 5‑112）：按制畦尺寸把含水量 60%～70% 的培养料铺到畦上，厚 25～30 cm，宽 50～60 cm，堆成瓦背状。

播种（图 5‑113）：把菌种按梅花状或直线接种在培养料内，接种深度为 5～8 cm，接种点间距为 15～20 cm，每个菌块直径 2～4 cm，每亩接种量 500～700 袋（菌种直径约 10 cm，高 12～15 cm，分成 6～9 块），接种后将培养料略压实。

图 5‑112 竹荪栽培铺料

图 5‑113　竹荪栽培播种

施肥（图 5 - 114）：播种后在培养料表面撒上一层麸皮（每亩 25～50 kg）或过磷酸钙或复合肥（每亩 25 kg）。

图 5 - 114　竹荪栽培施肥（麸皮）

（3）覆土做畦、盖草与盖膜

覆土做畦（图 5 - 115）：在施肥后，结合开沟，在培养料上覆一层土，厚度以 3～6 cm 为宜。

盖草（图 5 - 116）：覆土后再盖上 1～3 cm 厚的稻草（1 亩田的稻草盖 1～2 亩的竹荪）。

盖膜（图 5 - 117）：应根据天气及用工情况，决定是否覆盖薄膜。温度低于 18℃时可以盖膜，把塑料薄膜四周盖紧，并用土块压牢。温度高于 23℃时，应及时掀开薄膜。需要注意的是，盖膜不是竹荪栽培的必要措施，但盖膜可提前出菇 3～5 天，对错开竹荪采收高峰极有意义。

图 5 - 115　竹荪栽培覆土做畦

图 5 - 116　竹荪栽培盖草

图 5-117　竹荪栽培盖膜

（4）搭遮阴棚（图 5-118）

一般用木料或毛竹搭 2 m 高遮阴棚，棚顶用杉木枝、茅草或遮阳网遮盖，遮阴度为 75%～85%。为便于操作，可在铺料前搭建；为尽快提高地温以利发菌，亦可在菌蕾前期搭阴棚。

图 5-118　竹荪栽培搭遮阴棚

（5）发菌期管理

温度适宜的情况下，播种后 25～30 天为发菌期，一般不需喷水，如遇连续晴天则需要喷水，喷水至土壤和覆盖的稻草湿润即可。发菌期培养基含水量应保持在 60%～70% 之间，土壤含水量 20%～25%，温度保持在 18～28℃为宜。下雨时一定要做好排水防涝，防止雨水渗透到菌床，造成菌丝积水溺死、腐烂。一般在发菌后期，可在菌床上用铁钎插 2 行通气孔，孔间距 30～50 cm，直径 2～4 cm，深 20～25 cm，有利于增加氧气供给，加速菌丝生长，促进菌丝生长到底，具有一定的增产效果。

（6）菌蕾期管理

温度适宜情况下，接种 30 天后菌丝爬上畦面，并形成菌索，菌索尖端扭结形成菌蕾。菌蕾生长期小气候的温度控制在 22～30℃。此期间需水量增加，使土壤含水量保持在 20％～25％。一般晴天每天早晚各喷一次水，菌床表面空气相对湿度达到 80％～85％。菌蕾期为 20～30 天，此时要特别注意保水，防阳光暴晒，应在菌丝长出地面前搭建遮阴棚，一般可采用遮阳网，遮阴度为 75％～85％，既遮阳，又防雨水直淋菌蕾，有利于菌蕾生长发育。

（7）出菇期管理

菌床表面空气相对湿度要提高到 90％～95％，温度以 23～32℃出菇为好。播种后 70 天左右子实体形成，菌球尚未破口，此时更要注重保湿，除雨天外，早晨在 6 时左右，下午在傍晚时都应喷水。竹荪栽培出菇如图 5－119。

图 5－119　竹荪栽培出菇

（8）采收

采收宜在菌球破口之后，在子实体刚露出 1 cm 时分批采收，高峰期一般一天需采收 3 次，分别为上午 5—7 时、8—9 时、10—11 时各采 1 次。采收时用锋利的竹片，连同菌托切断菌索，然后尽快摘去菌帽，除去菌托和杂质，保持菌裙和菌柄完整。竹荪易开伞，从菌球破口到完全撒裙只需 30 分钟左右，因此，每天要分批采摘。天刚亮开始下田采摘，至 8—9 时为每天开伞高峰期，应抓紧采摘，10—11 时补采

图 5－120　采收的鲜竹荪

1 次，防止漏采。采摘后应根据菌床干湿情况，及时喷水保湿。采收的鲜竹荪如图 5－120。

（9）采后管理

采完第一潮菇后，喷水量稍微减少，土壤含水量为 20％左右，经 7～10 天，第二潮菇的菌蕾长出后，管理方法可参考菌蕾期和出菇期管理，以此类推。

（10）采后加工

鲜竹荪在常温下几小时就会失去商品价值，因此竹荪需烘干销售。鲜竹荪一般用烘干机烘干，为保证烘干质量，每 4 亩竹荪应配备一台烘干机。

烘干方法（仅供参考）：把竹荪摊到竹筛上，竹荪基部要对齐，排列整齐（摊放两层）。烘干温度应由低到高，再由高到低，即 50℃—70℃—50℃。首先采用 50℃烘 1.5 小时，再以 70℃烘 1 小时，再降至 50℃直至烘干。每隔 2 小时将竹筛上下调换一次，以均匀温度。一般需烘干 4 小时左右，以竹荪含水量≤13％为准。烘干取出后，回软 20 分钟，即可分级包装。

（四）废菌料处理

大田栽培竹荪不能连作，种一茬需间作 2～3 年。一季生产完后，生产者应尽快组织人工拆棚、挖桩、清除铁丝等影响耕种的废弃物，确保农田能轻易复耕，为竹荪产业健康发展打好基础。同时，栽培过竹荪的废菌料是农林作物较好的有机肥料，废菌料不需特别处理，可直接栽培农林作物，可获得较好的栽培效果。栽培过竹荪的农田，可以种植水稻、蔬菜、瓜果等作物。由于竹荪栽培改善了土壤微生态环境，丰富了微生物菌群，增加了土壤的吸水性和抗旱性，有利于作物根系生长，能促进作物生长发育，具有明显的增产效果，因此竹荪与水稻、蔬菜、瓜果轮作套种能起到良好生态溢出效应，形成良性、高效的生态农业模式，是我国目前高效生态农业的示范推广样板之一。

（五）竹荪的加工

1. 竹荪饮料加工实例

竹荪子实体酥脆可口，香味浓郁。利用竹荪为原料开发的饮料，不仅风味佳，还含有丰富的营养，是一种老少皆宜的产品。

（1）原料

竹荪、白砂糖、纤维素酶、果胶酶、木瓜蛋白酶、柠檬酸钠、磷酸钠。

（2）工艺流程

竹荪浸提：流程如图 5-121 所示。

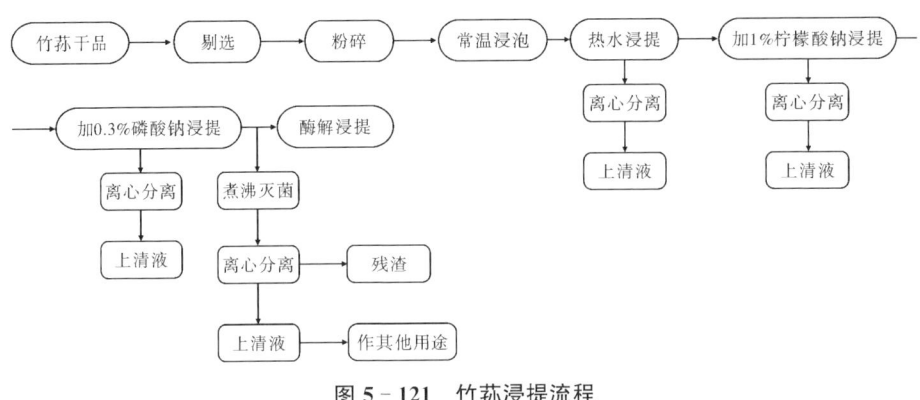

图 5 - 121　竹荪浸提流程

饮料制作：所有上清液混合→壳聚糖沉淀→离心取上清液→配制→装瓶→杀菌→成品。

（3）操作要点

原料剔选、粉碎：竹荪必须是非硫磺熏制、未霉变、无异味的，用粉碎机粉碎，过 80 目筛。

常温浸泡：浸泡时间为 10 小时左右，若时间太短，浸提效果将受影响。

浸提分离：采用四级综合提取法。一级浸提为热水浸提，80～90℃浸提 1 小时，提取液中含有糖类、游离氨基酸、嘌呤及糖醇。二级浸提为 1％柠檬酸钠浸提，80～90℃浸提 1 小时，提取液中含有糖原及碱。三级浸提为 0.3％磷酸钠浸提，80～85℃浸提 10 分钟，提取液中含半纤维素和蛋白质。四级浸提为酶解浸提，沉淀用 pH 值为 4.0 的柠檬酸缓冲液、0.1％木瓜蛋白酶、0.2％果胶酶、0.1％纤维素酶，40℃下酶解 50 分钟，提取液中含有氨基酸、肽类和氨基葡萄糖。

壳聚糖沉淀：用 0.01％壳聚糖除掉一些易导致饮料沉淀的物质。

配制：浸提液中加入适量的白砂糖、柠檬酸，杀菌后即可获得风味俱佳的竹荪饮料。

（4）产品质量指标

感官指标：呈淡黄色的澄清溶液，无沉淀，具有竹荪独特清香，无异味。

理化指标：总酸（以柠檬酸计）含量为 0.20～0.25 g/100 mL；总糖（以折光计）含量为 10％～12％；防腐剂＜0.2 g/kg。

微生物指标：细菌总数≤100 个/mL；大肠菌群≤6 个/100 mL；致病菌不得检出。

2. 竹荪酒加工实例

（1）工艺流程

原料→酶解→真空干燥→白酒浸提→过滤→无菌灌装。

（2）技术要点

①酶解

首先将竹荪网状裙放入不锈钢滚筒混合机里，开动不锈钢滚筒混合机，转速为 20 r/min。打开混合机夹套，进行蒸汽加热，将竹荪网状裙加热到 41℃，然后在竹荪网状裙中加入竹荪网状裙重量 100% 的自来水，再均匀喷入分别为竹荪网状裙重量 0.1% 的水解蛋白酶和风味蛋白酶，保持竹荪网状裙温度为 41℃，保持不锈钢滚筒混合机转速为 20 r/min，酶水解 10 小时。

②真空干燥

将完成酶水解后的物料转入真空干燥机中加热脱水干燥。先将物料均匀地平铺到所述真空干燥机的网架上，关闭仓门，打开真空泵，控制真空度表压为 0.009 MPa。打开加热器加热，脱水干燥过程中控制真空干燥机内物料温度为 44℃；物料含水量达到 8% 时，关闭真空泵；然后将真空干燥机内的物料加热到 95℃，保温灭菌 15 分钟，打开仓门出料。

③白酒浸提

在不锈钢浸提罐中加入酒精度为 55%vol 的白酒，再将脱水干燥后的物料按照白酒重量 6% 的用量加到不锈钢浸提罐中；打开浸提罐的不锈钢泵，常温下将酒精度为 55%vol 的白酒从浸提罐的顶部喷向所述物料，浸提液经过所述浸提罐底部的筛网过滤后再进入不锈钢泵，循环浸提 18 小时。

④过滤

打开浸提罐不锈钢泵，将浸提罐内的浸提液注入有预过滤器的膜过滤机进行精细过滤，然后进入成品储罐。

⑤无菌灌装

经检测合格后的成品进入无菌灌装机灌装。

3. 竹荪酱油

（1）工艺流程

原料处理→酱油制备→包装。

（2）技术要点

①原料处理

选取非硫磺熏制、无霉变、无异味的竹荪干品 1 kg，加水 10 kg 或选取鲜竹荪 1 kg，加水 3 kg，在 70～80℃下加热 1 小时，滤去残渣，得竹荪热水提取液。

②酱油制备

取普通酿造酱油 100 kg，加竹荪热水提取液 6 kg、蔗糖 4 kg、花椒 200 g、胡椒 200 g、八角 300 g、桂皮 100 g、姜 1.5 kg，在 90℃下加热 1 小时，过滤，加入 0.15％～0.60％的防腐剂，即得竹荪酱油。

③包装

将制得的竹荪酱油在 100℃下杀菌 15 分钟，冷却至 90℃时装入透明玻璃瓶，真空或充氮包装，即得竹荪酱油成品。

第十节　羊肚菌

羊肚菌（*Morchella esculenta*）属真菌界、子囊菌门、盘菌纲、盘菌目、羊肚菌科、羊肚菌属，具有较高的营养和药用价值，是一种名贵美味的食用菌，深受国内外消费者青睐。受过度采集和生态环境变化的影响，野生羊肚菌产量逐年减少，而市场需求逐年增长，驯化栽培羊肚菌成为解决供需矛盾的有效途径。近年来，食用菌栽培行业逐渐掌握了羊肚菌的纯人工栽培技术，其种植规模和效益稳步提升。目前市场上 90％的羊肚菌产品来源于人工栽培，栽培的品种主要是黑色品系的梯棱羊肚菌、六妹羊肚菌和七妹羊肚菌，其中梯棱羊肚菌和六妹羊肚菌种性相对稳定，适应性强，栽培最为常见，占了我国羊肚菌栽培面积的 80％以上。

羊肚菌具有较高的营养和药用价值，具有抗肿瘤、抗氧化、降血脂、护肝等功效，在国际和国内市场备受欢迎。在欧洲，羊肚菌被认为是仅次于松露的美味食用菌；在北美，羊肚菌被认为是最佳食用菌；在我国，明代《本草纲目》中就有其"甘寒无毒，益肠胃，化痰利气"的记载，羊肚菌深受广大消费者青睐。

一、生物学特性

（一）形态特征

羊肚菌的子实体由 1 个可孕菌帽和 1 个不孕菌柄组成，多为单生、散生，亦有群生。菌帽呈卵形或圆形，长 2.5～6 cm，直径 2～5 cm，表面有许多小凹坑，浅褐色，外观似羊肚。边缘全部与柄相连，表面凹凸不平，呈蜂窝状或网格状。菌柄为圆柱形，白色，幼时上表面有颗粒状突起，后期变平滑，基部膨大且有不规则的凹槽，子实体中空，子囊孢子有 8 个，单行排列，光滑，呈椭圆形。羊肚菌属内不同种的子实体大小、形状、颜色差异较大，这与其所处的环境和气候因子有关。据报道，羊肚菌属的食用菌分布于世界各地。迄今为止，我国已报道的羊肚菌种类有小顶羊肚菌、尖顶羊肚菌、粗柄羊肚菌、肋脉羊肚菌、小羊肚菌、普通羊肚菌、羊肚菌、高羊肚菌、硬羊肚菌、变紫羊肚菌等。下面介绍几种常见可食用的羊肚菌形态特征。

1. 小顶羊肚菌

小顶羊肚菌又名圆顶羊肚菌。子实体多单生，菌帽卵形，浅黄褐色，顶端钝，高约 5 cm，径粗 3～5 cm，表面凹坑不定形，茶褐色；棱纹色较浅，不规则交叉。菌柄乳白色，高 5～6 cm，粗约为菌帽的一半，有凹槽，基部膨大。子囊孢子透明无色，长椭圆形。

2. 尖顶羊肚菌

尖顶羊肚菌又名圆锥羊肚菌。子实体较小。菌帽近圆锥形，顶端尖，高 3～5 cm，径粗 2～3.5 cm，凹坑长形，多纵向排列，浅褐色。菌柄白色，有不规则纵沟，高 3～6 cm，粗 1～2.5 cm。春末夏初单生或群生于林中潮湿地上或腐叶层上。

3. 粗柄羊肚菌

粗柄羊肚菌又名粗腿羊肚菌、皱柄羊肚菌。子实体单生或群生，菌帽近卵圆形，高 4～7 cm，径粗 4～5 cm；表面凹坑多，凹坑近圆形，大而浅，浅黄色至黄褐色；棱纹窄，色较深，纵向排列，由横脉相连接。菌柄粗壮，基部膨大，稍显凹槽，长 4～6 cm，径粗 3～4 cm，奶油色，中空；子囊孢子椭圆形，透明无色。在夏秋之交，生于林中潮湿地及河边沼泽地上。

4. 高羊肚菌

高羊肚菌又名褐棱羊肚菌、黑脉羊肚菌。子实体中等或较大，菌帽圆锥形或近圆柱形，顶端一般尖，高 5～10 cm，径粗 2.5～5.5 cm；凹坑多呈长方圆形，浅褐色至蛋壳色，棱纹黑色，纵向排列，由横脉交织，边缘与菌柄连接。菌柄呈乳白色至浅黑褐色，近圆柱形，长 5.5～15 cm，径粗 2～3.5 cm，上部稍有颗粒，基部有凹槽。子囊近圆柱形，孢子单行排列，侧丝顶端膨大，透明无色。野生于阔叶林地中，春夏之交发生。

5. 变紫羊肚菌

变紫羊肚菌又叫羊雀菌。子实体高 4～9 cm，径粗 2～4 cm，近圆柱形至近圆锥形，有时呈近球形至椭圆形，顶端钝圆，表面有许多凹坑的棱纹，纵向棱纹较为明显，棱纹呈明显深暗色，交织成网状，凹坑多为长方形，浅褐色、褐色、茶褐色至紫茶褐色。菌柄长 2～4.5 cm，径粗 0.6～2.5 cm，圆柱形至棒形，基部膨大，上部平滑，中空。子囊孢子为长椭圆形至卵圆形，光滑无色，非淀粉质。单生或散生于林间地上。

6. 肋脉羊肚菌

肋脉羊肚菌子实体较大，菌帽长 6～8 cm，直径 3.5～4.5 cm，长圆锥形或长卵圆形，顶端钝或尖，浅黄土色或浅黄褐色，脉棱少及凹窝宽而长，其纵脉棱明显长。菌柄长 7～10 cm，径粗 2～2.5 cm，近柱形，基部稍膨大，同盖色，表面往往似有一层粉末；内部直至盖部空心，菌肉较薄。子囊近长圆柱形，子囊孢子无色，平滑，椭圆形，侧丝细长，顶部稍粗。

7. 小羊肚菌

小羊肚菌俗称美味羊肚菌。子实体较小，高 4～10 cm，菌帽长 1.7～3.3 cm，直径 0.8～1.5 cm；圆锥形，凹坑往往呈长圆形，浅褐色；棱纹常纵向排列，有横脉相互交织，边缘与菌帽连接一起。菌柄长 2.5～6.5 cm，径粗 0.5～1.8 cm，近白色至浅黄色，基部往往膨大且有凹槽。子囊近圆柱形，子囊孢子单行排列，椭圆形，侧丝有分隔或分枝，顶端膨大。

（二）生活习性

从 20 世纪 80 年代开始，科技人员开始对羊肚菌进行生境调查、生物学特性研究及驯化栽培，但直至 2010 年前后才由四川绵阳市食用菌研究所开发出具有商业意义的羊肚菌人工栽培技术。湖南省食用菌研究所从 2014 开始指导企业从四川绵阳市食用菌研究所引进羊肚菌栽培技术并进行创新，到 2024 年已指导多家企业栽培羊肚菌。目前羊肚菌栽培已遍布全国，栽培模式也随地域变化而变化，但总体栽培模式仍沿用了四川绵阳模式，且羊肚菌的生活习性仍未研究透彻，还在不断推进。

1. 营养

羊肚菌可以通过分泌胞外酶降解基质中的淀粉、木质素、纤维素以及含氮有机化合物，进而吸收利用培养料中的营养物质。羊肚菌可以直接吸收利用葡萄糖、蔗糖、乳糖、半乳糖等简单糖类。生产中可以作为羊肚菌碳源的有麦粒、木屑、谷壳、玉米芯、棉籽壳、秸秆等。羊肚菌可以有效利用的有机氮源有牛肉膏、酵母粉、蛋白胨等，复合氮源有麦麸、豆饼等。目前栽培生产中主要以小麦、麦麸等为主要的碳源、氮源供给。有研究表明，羊肚菌主要吸收利用营养包内的麦粒作为碳源，吸收土壤中的氮素为氮源。在培养料中添加磷酸二氢钾、石膏、生石灰等矿物质，有利于促进菌丝生长。

2. 温度

羊肚菌属低温型真菌，菌丝的最佳培养温度为 20～25℃，但菌丝对低温的适应性较强，在 10～20℃ 依旧可以快速生长。为降低杂菌感染的风险，播种时环境温度应低于 15℃。4℃ 以下低温刺激 1 周以上，有利于菌丝的分化和后期出菇。子实体形成与发育温度为 4～16℃，环境温度超过 20℃，很难再诱发子实体原基发生；大于 25℃，整个生产季节将结束。因此，生产时给予 10℃ 以上的温差刺激是必要的。

3. 湿度

羊肚菌属喜湿型真菌，在菌丝体生长阶段，土壤含水量应为 50%～60%，在原基形成和子囊果发育阶段，含水量应为 60%～75%；在菌丝发育阶段，空气相对湿度可以保持 70%～80%。在原基形成和子囊果发育阶段，要增加空气相对湿度到 85%～95%，避免空气干燥对幼嫩子囊果造成损伤。若自然降水不能满足其要求，应人工补充水分，且以喷雾为宜。

4. 空气

羊肚菌属好气性真菌，无论是菌丝生长还是子实体生长发育，都需要充足的氧气。没有足够的氧气，羊肚菌菌丝生长纤细甚至会死亡，易产生畸形子实体，如菌柄膨大、菌帽扭曲等。

5. 光照

羊肚菌菌丝生长不需要光照，原基发生和子实体最后形成需要 20～100 lx 的光照，羊肚菌有些菌株菌核形成的最适光照强度为 70 lx。当光照强度低于 70 lx 时，随着光照增强，羊肚菌菌丝生长加快、菌核形成增多；当光照强度在 70 lx 左右时，菌丝生长速率最大，菌核形成最多；当光照强度大于 70 lx 时，菌丝生长随光照的增强而减弱，菌核数量下降。

6. pH 值

羊肚菌对土壤酸碱度的适应能力较强，调查表明，在 pH 值为 5.4～8.5 的土壤中均发现过羊肚菌，但羊肚菌生产以 pH 值为 6.0～7.0 为佳。

7. 土壤

羊肚菌是一种土生真菌，对土壤适应性较强，但在不同土壤中栽培产量差异较大，生产实践表明土壤中腐殖质含量越高，越利于高产。调查发现，砂壤土中栽培羊肚菌产量高于中壤土的，中壤土的高于黏土的，以"六沙四土"的砂壤土产量最高。如果进行土壤培肥改良，要注意羊粪、牛粪等农家肥或其他腐殖肥料应在春天施用，经过夏天的充分腐熟，效果较好。

二、栽培技术

（一）生产季节

应根据最适播种期确定羊肚菌栽培相应的土地平整、菌种生产、营养包制作等农事适期。

羊肚菌在秋季播种，不同地区的最适播种期有所不同，应选择日均温度稳定在10～15℃时的晴天或阴天进行播种，湖南的羊肚菌适宜播种期在11月初至12月下旬，且由于每年降温具体时间不同，最适播种期亦有所不同。

（二）菌种生产

1. 一级菌种生产

一级菌种又称为母种，羊肚菌一级菌种用PDA培养基或加富PDA培养基做一级菌种。加富PDA培养基配方：马铃薯200 g、葡萄糖20 g、磷酸二氢钾2 g、硫酸镁0.5 g、琼脂20 g，制成培养基1 000 mL。羊肚菌一级菌种生产方法参照第四章"食用菌菌种生产技术"中，"常规固体菌种生产技术"中"一级菌种生产技术"有关内容生产。

2. 二级菌种和三级菌种生产

二级菌种和三级菌种又分别称为原种和栽培种（图5-122），由于羊肚菌栽培起步较晚，尚未形成统一的菌种配方，可用各种麦料培养基制作二级菌种或三级菌种。羊肚菌二、三级菌种生产方法参照第四章"食用菌菌种生产技术"中，"麦粒菌

图5-122　羊肚菌栽培种

种生产技术"有关内容生产。

（三）栽培方式

1. 栽培场地选择

羊肚菌对场地选择性不强，可在山地、林下及大田栽培，但为了操作方便，一般应选择地势平坦、水源充足干净、排灌方便、土壤肥沃、土质较细、疏松透气的场所作为栽培场地。羊肚菌忌连作，连作易使病虫害逐年加重，影响菌丝生长，导致产量逐年下降，一般应采用羊肚菌与水稻、大豆、蔬菜等作物轮作的模式，实现羊肚菌与农作物生态高效栽培。

2. 搭遮阴棚

羊肚菌栽培遮阴棚的种类较多，常见的有简易遮阴大棚、简易拱棚、简易遮阴棚套小拱棚、设施大棚等。这几种棚对环境的调控能力依次加强，但成本也依次增加，生产者可根据自身情况选择。设施大棚和简易拱棚一般在整地后播种前搭建，简易遮阴大棚和简易遮阴棚可在整地后播种前搭建，也可在播种后搭建，小拱棚一般在播种后搭建。

（1）简易遮阴大棚（图 5 - 123）

图 5 - 123　羊肚菌简易遮阴大棚

简易遮阴大棚一般用木料或毛竹搭建，棚高 2～2.5 m，棚顶用遮阳网遮盖，遮阴度为 70%～80%，简易遮阴大棚一般无遮雨和保温层，利用自然温栽培。

（2）简易拱棚（图 5 - 124）

图 5 - 124　羊肚菌简易拱棚

采用竹片、镀锌钢管等材料弯折成宽 4 ～ 6 m，顶高 1.5～2.0 m 的拱形骨架，两端插入土中 25～30 cm，拱架间距 1.0 m，将每个拱架连成一体，在拱架的中间做支撑柱加固，拱架顶面使用遮阳率 90% 以上的遮阳网加塑料薄膜遮雨层覆盖固定，四周拉紧后将遮阳网边缘用土埋好。

（3）简易遮阴棚套小拱棚 （图 5 - 125）

可参照简易遮阴大棚或简易拱棚搭建外部遮阴棚，在简易遮阴棚内搭建小拱棚，即在畦面上搭建宽约 1.2 m，高约 50 cm 的小拱棚，小拱棚上仅覆盖塑料薄膜。

图 5 - 125　羊肚菌简易遮阴套小拱棚

（4）设施大棚（图 5 - 126）

设施大棚一般由若干单体组成，单体宽 8～10 m，边高 2～3 m，长度不限，棚外由外至内覆盖适当密度的遮阳网和遮雨塑料薄膜，还可在塑料薄膜内覆盖保温层（可代替遮阳网），棚内安装微喷、通风、补光等物联网智能控制设施。

图 5‑126　羊肚菌设施大棚

3. 整地做畦 （图 5‑127）

应在播种前 1 个月开始整地，清除场地上的秸秆、杂草等杂物，每亩施撒 75～100 kg 生石灰，并进行翻耕，深度为 25～30 cm。

播种前将土壤整平、分厢、开沟，一般沟宽 25～30 cm，深 20～30 cm，若在雨天易积水地区应适当加宽加深周围排水沟，以降雨时厢面不淹水为宜，厢面宽 0.8～1.5 m。

图 5‑127　羊肚菌整地做畦

4. 播种

（1）播种时间

羊肚菌在秋季播种，不同地区最适播种期有所不同，应选择日均温度稳定在 10～15℃时的晴天或阴天进行播种，湖南的适宜播种期在 11 月初至12 月下旬。

（2）播种方法

羊肚菌播种可采用穴播、条播或撒播（图 5 - 128）方式，每亩播种量为 200～250 kg，先将菌种脱袋，然后将菌种掰成直径 1.5～2.0 cm 的颗粒或直接打散，再均匀播至穴中、沟中或直接撒至厢面。沟或穴的深度为 5～10 cm，间距 30～40 cm，然后再覆盖 5～10 cm 的覆土，撒播方式可结合开沟覆土，比较省工省时。播种时宜采用石灰水或其他羊肚菌专用消毒剂对菌种表面进行消毒处理。

图 5 - 128　羊肚菌撒播

5. 发菌管理

羊肚菌发菌管理包括温度、湿度、通风、光照管理，这些参数在发菌管理时可能存在矛盾，需统筹管理。覆盖地膜在一定程度上可协调这些矛盾，但覆盖地膜不是羊肚菌栽培的必要条件，应根据当地气候条件和自身栽培模式确定是否覆盖地膜，具体发菌管理与覆盖地膜操作如下。

（1）温度管理

尽量控制棚内温度不低于羊肚菌菌丝体生长最适温度的 6℃，不超过菌丝体生长最适温度（25℃）。

（2）湿度管理

棚内空气相对湿度保持在75%，播种3天后可浇透水1次，湿透畦面下30 cm左右。其后根据天气情况和土壤湿度进行浇水灌溉，采用漫灌、喷灌的方式。漫灌时畦沟内注满水，保持1～2天再放掉；喷灌保持地表的土粒不发白。

（3）通风管理

培菌期间应根据菌丝生长量和遮阴棚密封程度进行通风管理，即应保持棚内空气新鲜，二氧化碳浓度应控制在0.3%（体积比）以下。

（4）光照管理

羊肚菌发菌以弱散射光为主，光照强度50～100 lx，避免强光直射。

（5）覆盖地膜

播种后在厢面覆盖1层地膜，在膜两边间隔1～2 m压上1个重物，在膜中间每隔0.5～1 m打1个直径1.5 cm左右的透气孔。一般在低温干燥且遮阴棚保湿效果不佳时应覆盖地膜，若温度高于25℃，应及时掀膜或在地膜上增加打孔数量，否则易产生杂菌。

6. 添加外源营养包

添加外源营养包是羊肚菌栽培的重要特色，添加外源营养包有三个重要关键技术，一是外源营养包配方，二是外源营养包添加时间，三是外源营养包的用量，生产者要特别重视。

（1）外源营养包配方及制作

外源营养包参考配方有以下四种：

①麦粒40%、谷壳30%、木屑28%、石膏1%、石灰1%。

②麦粒50%、谷壳48%、石膏1%、石灰1%。

③麦粒98%、石灰1%、石膏1%。

④麦粒88%、谷壳10%、石灰1%、石膏1%。

要制作外源营养包，应提前将麦粒、木屑和谷壳等难吸水原料浸泡并充分吸水，取出并滤去表面多余水分，与石灰和石膏拌匀后人工或机械装入聚丙烯（高压灭菌）或聚乙烯（常压灭菌）塑料袋中，塑料袋规格为宽（12～17）cm×长（24～35）cm。采用高压或常压方法灭菌，采用高压蒸汽灭菌时，温度为121～126℃，灭菌时间为3～4小时。常压灭菌时应在3小时使内温度升至100℃，连续保温15～18小时。当天拌好的料当天应装完，并进行灭菌。

（2）外源营养包添加时间

一般播种后7～20天，土壤表面形成白色菌霜时，是添加外源营养包的适期，此时，菌丝已进入旺盛生长期。若超过 20 天，菌丝长势减弱，菌丝对营养包内营养料的分解吸收能力下降，营养袋难以在入冬前被菌丝完全分解利用，使营养料利用率低，影响出菇产量和品质。

（3）外源营养包添加方法

选择营养包一平面，开 8～10 cm 长的口子或用钉板扎 8～10 个孔，有口或孔的一面朝下，放在厢面或顺播种沟位置摆放，营养包行间距 50 cm，纵间距 40～60 cm，放置时应压平使营养包开口或孔尽量与地面接触，每亩摆放 1 500～3 000 个营养包。羊肚菌菌霜及添加外源营养包如图 5 - 129。

图 5 - 129　羊肚菌菌霜及添加外源营养包

（4）外源营养包环境管理

添加外源营养包后仍按发菌管理方法进行环境管理。

7. 催蕾育菇

（1）催蕾时机

一般在播种后 50～60 天，1 月底或 2 月初，日均气温稳定在 8℃时进行催菇。

（2）催蕾方法

到催蕾适期后，若发菌期覆了地膜，此时应揭掉地膜，采用滴灌、喷雾等措施进行补水，逐渐加大喷水量，直至畦面菌丝消失。3～4 天后，喷一次透水，使土壤耕层 20～30 cm 保持湿润状态，其间注意避免水分过多。催蕾措施得当，催蕾 1 个星期后土壤表面会出现羊肚菌原基。

（3）育菇方法

羊肚菌出菇过程中，应控制棚内温度在 4～20℃，以不低于 8℃，不超过 18℃为宜。适时浇水，保持厢面土壤湿润，土壤含水量为 50%～60%，空气相对湿度控制在 85%～90%。每天通风换气，保持棚内空气新鲜，二氧化碳浓度控制在 0.3%（体积比）以下。棚内透光率控制在 75%左右，光照强度控制在 50～100 lx，避免强光直射。

8. 采收加工

（1）采收标准

羊肚菌子实体蜂窝状凹陷部分基本展开，菌帽的脊和凹陷清晰，肉质厚实有弹性，顶部开始变黄即为采收适期。

（2）采收方法

羊肚菌应分批采收，采大留小。采收时用小刀在菌柄接近地面的位置沿水平方向割下，避免带下周围较小的子实体或使泥土沾染到菌柄上。采后小心清除子实体基部泥土，轻拿轻放置于转运筐内，避免挤压。及时清理料上和地面上的菇根、死菇等残留物，运离栽培场所进行无害化处理。

（3）分级鲜销

羊肚菌应优先鲜销，可依据菌帽大小进行分级，推荐分级标准：菌帽长 8～12 cm 为一级，菌帽长 5～8 cm 为二级，菌帽长 3～5 cm 为三级，菌帽有白斑或菌帽破损为四级。分级后可依据销售渠道进行包装销售（图 5-130）。

（4）加工储运

当销售情况不理想时可对羊肚菌进行干制，干制可参照鲜销分级对鲜菇进行分级，剪下分级好的一级、二级羊肚菌菌脚，并将菌脚和菌帽分开烘干；烘干三级、四级羊肚菌时将整个菇体一起烘干。

图 5-130 羊肚菌分级包装（鲜品）

羊肚菌烘干应采取梯度温度烘干，第一阶段温度为 38～40℃；烘干至湿度下降到 50%时，开始第二阶段烘干，温度 43～45℃；湿度下降到 30%时，开始第三阶段烘干，温度为 48～50℃，湿度下降到 12%时烘干完成。室温冷却后应立即采用塑料袋密封保存，羊肚菌干品保存的外部环境要求避光、阴凉、干燥。

（四）复耕及废菌料处理

大田栽培羊肚菌时不能连作，种一茬需与其他作物轮作，比较成熟的轮作模式有菌稻轮作、菌豆（冬黄豆）轮作、菌瓜轮作、菌菜轮作。一季生产完后，可对菇棚进行改造以适应轮作作物，若是租的农田，应尽快组织人工拆棚、挖桩、清除铁丝等影响耕种的废弃物，确保农田能轻易复耕，为羊肚菌产业健康发展打好群众基础，因此种植羊肚菌前就应计划好轮作模式，并搭建适合轮作的遮阴棚。同时，需将栽培过羊肚菌的外源营养包塑料菌袋与废菌料分离，塑料菌袋需进行回收处理，以免污染环境。废菌料是较好的饲料原料，也可直接作为农林作物的有机肥料就近返田。

（五）羊肚菌的加工

羊肚菌冷冻干燥加工实例

羊肚菌鲜品脆嫩、含水量高，冷冻干燥是一种保持菇类色、香、味、形及营养成分最好的加工方法之一，冻干后的羊肚菌（图5-131）含水量小于或等于5%，复水率高达89%。

（1）工艺流程

羊肚菌鲜品→分级→摆盘→冻结→升华干燥→解析干燥→出机→包装。

（2）技术要点

分级：新鲜羊肚菌采摘后首先应按分级标准进行分级，子囊果长度3～5 cm为小菇，5～8 cm为中等菇，8～12 cm为大菇。

摆盘：在不锈钢盘上摆放羊肚菌。

冻结：冻结速度不同会产生大小不同的冰晶，而直接影响升华干燥的速度和风味物质的保留。羊肚菌平均冻结速度为1℃/min，冻结时间约为70分钟，完成时的温度在-27℃左右，应确保无液体存在，否则干燥过程中会出现营养流失等现象。

升华干燥：启动真空泵，在压力为30～60 Pa的真空箱内进行升华干燥，然后对干燥板层加热，提供升华热，由此羊肚菌中的水分开始大量升华。此时要特别注意升温不要过快，以免超过三相点而解冻，从而影响产品质量。料温在

图5-131　冷冻干燥加工的羊肚菌

20~23℃之间，干燥时间为 3~4 小时。

解析干燥：升华干燥后，羊肚菌仍含有少部分的胶体结合水，很难脱掉，必须提高温度才能达到产品所要求的水分含量。此时料温由 20℃升到 40℃左右，压力为 10 Pa 左右，时间为 5~6 小时。

出机：一般不能将冻干产品从干燥室中直接拿出，应该从过滤闸门中充入氮气，破坏干燥室内的真空度，使产品的多孔结构中充满氮气。

包装：因冻干羊肚菌含水量极低，易吸潮，所以出机后应及时真空包装或充氮包装。

第十一节　茯　苓

茯苓（*Poria cocos*）属真菌界、担子菌门、层菌纲、非褶菌目、多孔菌科真菌，俗称松茯苓，是我国传统的名贵中药材，自古就被列为中药的"四君八珍"之一，有"十方九苓"之说，是中药复方和 100 多种中成药的原料，其功能成分主要是茯苓多糖，广泛用于医药和保健领域。

茯苓在我国云南、贵州、四川、湖南、湖北、安徽、福建、江西等地区广泛分布，这些地区也是茯苓的主要栽培地区。湖南省茯苓在良种选育、优势栽培模式、粗/精加工技术及产业规模等方面均在全国乃至全世界占有重要的地位。靖州是"中国茯苓之乡"，是中国科学院微生物研究所"5.78"、湖南"湘靖 28"茯苓品种的野生茯苓种源采集地及神舟十号太空茯苓育种发源地，是全国干、鲜茯苓集散地，年交易干、鲜茯苓 7 万余吨，约占全国总交易量的 70%。《靖州县志》中记载，从明代中期开始，靖州就有人发现和应用茯苓；1958 年，靖州药材购销组副主任明承云，开始进行人工栽培茯苓试验，靖州成为全国率先用纯菌丝种进行种植示范推广的县市之一；1992 年 8 月，兴建"中国靖州茯苓大市场"；2011 年，"靖州茯苓"成功注册国家地理标志证明商标；2014 年 7 月 2 日，"靖州茯苓"在渤海商品交易所成功上市，当日收盘交易额突破 5 000 万元；2018 年 12 月 30 日，靖州苗族侗族自治县现代农业产业园被农业农村部、财政部认定为首批国家现代农业产业园，园区已建成全国最大的茯苓加工贸易中心、茯苓万吨中药饮片厂、茯苓食品加工生产线、茯苓科技研发推广中心等 15 个重点项目。靖州茯苓从业者一直锐意进取，引领全球茯苓产业，业内多年来就有"世界茯苓看中国，中国茯苓在靖州"之说。

一、生物学特性

（一）形态特征

茯苓菌丝体包括单核菌丝体和双核菌丝体。单核菌丝体又称初生菌丝体，是由茯苓孢子萌发而成，仅在萌发的初期存在。双核菌丝体又称次生菌丝体，为菌丝体的主要形式，由 2 条不同性别的单核菌丝体相遇，经质配后形成，呈白色，初期较稀疏，后有发丝状菌索形成。

通常所说的茯苓是茯苓菌核，由大量菌丝及营养物质聚合而成，呈球形、椭球形、扁球形或不规则块状，皮呈黑褐色，里面白色或粉红色，从几百克至几十千克不等。

茯苓子实体无药用价值，成熟的菌核表面往往在春季易长出子实体，子实体呈蜂窝状，大小不一，无柄、平卧，厚为 0.3～1 cm，初时呈白色，老后木质化变为淡棕色。子实层着生在孔管内壁表面，由数量众多的担子组成。成熟的担子各产生 4 个孢子。茯苓孢子为灰白色，为长椭圆形或近圆柱形，有一歪尖。

（二）生活习性

茯苓适应能力较强，野生茯苓产于湖南、湖北、安徽、云南、河南、四川等地，分布于海拔 50～2 800 m 处，尤以海拔 600～900 m 地区分布较多。多生长在干燥、向阳、坡度为 10°～35°、有松林分布的微酸性砂壤土层中，一般位于地下 50～80 cm。茯苓为兼性寄生真菌，其菌丝既能靠侵害活的树根，又能吸收死树的营养生长，尤其喜欢寄生在松树的根部。从 20 世纪 50 年代开始，中国科学院微生物研究所、靖县（今湖南省靖州苗族侗族自治县）供销社等机构、湖南省食用菌研究所等单位进行了茯苓生境调查、菌种驯化选育、生物学特性研究，筛选出了优质高产菌株和适合我国国情的栽培工艺，为我国的茯苓推广工作奠定了良好的技术基础。

1. 营养

茯苓属木腐菌类，茯苓菌丝对松木材料有很强的嗜好性，因此人工栽培茯苓时，应选用新鲜、干燥的松树蔸、松树根、松树干等材料。此外，马铃薯、芋头是茯苓一级菌种生产较好的有机碳源，酵母膏和蛋白胨是较好的有机氮源。

2. 温度

茯苓菌丝体在 15～35℃条件下均可生长，最适温度为 25～28℃。低于 5℃时，菌丝停止生长，高于 35℃时，菌丝易老化。菌核在 15～30℃时均能形成，26～32℃时生长最快，42℃以上时，菌核开始腐烂。

3. 湿度

菌丝体在培养基生长，要求含水量为 55％～60％。在土壤中生长要求含水量为 25％左右，在砂壤土中生长良好。子实体形成要求空气相对湿度为 70％～85％，但需要注意的是，茯苓结苓仍处于菌丝生长阶段，而非子实体形成阶段。

4. 空气

茯苓属于好气性真菌，在空气流通的情况下才能正常生长，所以茯苓窖场应选在向阳通风、土壤疏松的地方。茯苓下种后至结苓这一时期是菌丝生长期，覆土不宜过厚过实，应保持土壤疏松，使菌丝能够呼吸到新鲜空气。

5. 光照

茯苓栽培对光照的要求较低，在黑暗条件下也能正常进行。但在栽培实践中，窖场一般选在向阳通风的地方，向阳通风可快速降低雨后土壤和材料中的含水量，促进菌丝生长，以及菌核的形成和正常生长。

6. pH 值

茯苓菌丝适宜在微酸性的培养基中生长，适宜 pH 值为 5.5～6.5。

二、栽培技术

（一）生产季节

茯苓发菌期约为 100 天，菌核生长期约为 100 天，每年 6—9 月气温升至 25℃以上，有利于菌核的形成，下种季节一般在农历三月中旬至六月下旬，以当地日平均气温在 18℃以上为宜，我国西南地区可提前至农历二至四月，十一至十二月可采收到成熟的菌核。

（二）菌种生产

1. 一级菌种生产

一级菌种又称为母种，茯苓一级菌种用 PDA 培养基或加富 PDA 培养基制作。加富 PDA 培养基配方为：马铃薯 200 g、葡萄糖 20 g、蛋白胨 3 g、磷酸二氢钾 1.5 g、硫酸镁 1 g、维生素 B$_1$ 20 mg、琼脂 20 g、水 1 000 mL（制成培养基 1 000 mL）。茯苓一级菌种生产方法参照第四章"食用菌菌种生产技术"中，"常规固体菌种生产技术"中的"一级菌种生产技术"内容。

2. 二级菌种和三级菌种生产

二级菌种和三级菌种又分别称为原种和栽培种，用松木屑培养基制作二级菌种或三级菌种。

（1）二级菌种培养基配方：①松木屑 77.8%、麦麸 20%、蔗糖 1%、石膏粉 1%、硫酸镁 0.2%，pH 值 6，含水量（60±2）%；②全干松木屑 67%、麸皮 15%、玉米粉 16%、蔗糖 1%、石膏粉 1%，含水量（60±2）%；③全干松木屑 40%、小麦 33%、玉米粉 10%、米糠 15%、蔗糖 1%、石膏粉 1%，含水量（60±2）%。三级菌种培养基配方：①松木屑 66%、麦麸 10%、玉米粒（或小麦或稻谷）20%、蔗糖 2%、石膏粉 1%、过磷酸钙 0.7%、硫酸镁 0.3%，pH 值 6，含水量（60±2）%；②全干松木屑 43%、玉米或小麦 40%、麸皮 10%、米糠 5%、蔗糖 1%、石膏粉 1%，含水量（60±2）%；③全干松木屑 40%、玉米芯颗粒 23%、玉米或小麦 20%、麸皮 10%、米糠 5%、蔗糖 1%、石膏粉 1%，含水量（60±2）%；④长 12 cm、宽 2 mm、厚 1 mm 的无霉变全干松木片 68%、全干松木屑 15%、麸皮或米糠 15%、蔗糖 1%、石膏粉 1%，含水量（60±2）%。

（2）拌料：二级菌种和三级菌种应采用上述对应培养基。配方中若有松木片、玉米或小麦，应各浸泡 8～10 小时，捞起沥水，再添加配方中其他配料搅拌均匀；若无松木片、玉米或小麦，则可直接将原料搅拌均匀。控制含水量为（60±2）%，保持 pH 值为 5.5～6.5。

（3）分装：二级菌种用菌种瓶或菌种袋盛装，三级菌种用菌种袋盛装。装瓶：将培养基装至菌种瓶的 2/3～3/4 位置，上紧下松，料面压平压实，用清水洗净瓶身和瓶口，擦干瓶口后，用棉塞封口并包扎牛皮纸，或其他能满足正常发菌的材料封口。装袋：将培养料装入长 260～280 mm、宽 120～140 mm、厚 0.05 mm 菌种袋的 2/3～3/4 位置，上紧下松，料面压平压实，清洁袋身和袋口培养料，套好套环并盖上盖子，或用其他能满足正常发菌的材料封口。采用高压灭菌的应使用聚丙烯塑料菌种瓶（袋），采用常压灭菌的可使用聚乙烯塑料菌种瓶（袋）。

（4）灭菌

将塑料瓶（袋）放入高压灭菌锅内，在 123～125℃下灭菌 2.5～3 小时；或采用常压灭菌锅进行灭菌，温度达到 100℃后保持 24 小时，再焖 6

小时。

（5）接种

接种方法参照第四章中"常规固体菌种生产技术"中的二、三级菌种接种有关内容进行。

（6）培养

接种后的菌种瓶（袋）放置在温度 26～28℃、相对湿度 60%～70% 的培养室，避光培养 20～25 天，保持培养室清洁，经常通风换气。菌丝体在萌发和生长期间应及时清除被杂菌污染的菌种瓶（袋）（图 5-132）。

图 5-132　茯苓栽培菌种

（三）栽培方法

目前茯苓栽培方法有多种，但以段木栽培法较成熟，因此本书将详细介绍段木栽培法。

1. 备料

（1）树木选择

段木栽培茯苓以马尾松、黄山松、云南松、赤松、红松、黑松等树种为宜，树龄以 15 年左右为宜，树干直径以 10～30 cm 为佳。

（2）备料时间

段木栽培茯苓的伐树时机应选在松树老叶枯黄、新叶未萌发时为好，一般应在栽培的上一年秋冬季。此时松树基本停止生长，树干含水量低且营养丰富，适宜栽培茯苓。

（3）备料方法

在我国南方地区，每年在冬至至立春前是茯苓栽培最佳备料期。树砍伐30天后，剔除枝丫，将树干锯成80～100 cm长的木段。然后根据木段直径进行削皮留筋，直径在15 cm以上的削去4个面的树皮，直径在15 cm以下的削去2个面。削皮时要求"对削对留"，即对木段相对的两侧进行削皮，留皮部位也是对应的，茯苓栽培木段如图5-133。削皮时用利斧纵向削去3 cm宽的粗皮，削去半颗米粒深度的粗皮或见白即可。削皮后，应在断面喷洒1%的石灰水进行表面消毒，否则松材的断面处易感染绿霉菌，严重影响茯苓栽培质量。将处理好的木段以"井"字形堆码

图5-133 茯苓栽培木段

在向阳、干燥、通风的地方，底部用砖头或石头将段木垫高30 cm左右，堆高以便于操作为度。顶部宜加盖塑料布或者编织袋等覆盖物，避免雨水淋湿段木而生霉，导致茯苓减产或感染病菌。堆垛每30天左右宜翻堆1次，翻堆要避开雨天，一般3～4个月后木段干燥程度为50%～70%，即干燥而无裂缝且手触无粘连感时，就可进行栽培。

2. 建窖下种

（1）苓场选择

栽培茯苓要选择通风、向阳、海拔400 m以上的场地，坡度在15°～30°缓坡地带，可选择东、南、西方向的坡地，一般不选北向坡地。土壤以疏松透气的沙质壤土，含沙量在70%左右的麻沙土、白沙土、黄沙土、油砂土或粗砂土最好。若为黏土，宜在冬季翻挖冻疏后再使用。

（2）苓场准备

选好场地后，应清除杂草、树根和石块，窖要挖得深（深挖浅种），土要整得碎，同时要做好蚁、鼠的调查与驱除工作，在栽培前尤其要做好白蚁诱杀工作。栽培茯苓的地块以未耕种的生土为宜，如果是耕种多年的熟土，可抛荒半年到1年，使地里面一些对茯苓有害的物质散发掉。驱蚁时，可在土面上撒些白蚁粉，每亩用量为1 kg左右，也可用诱杀剂诱杀。接种

前 10 天左右翻地一次打碎泥土。

（3）建窖

将栽培茯苓的段木根据大小分开，再根据段木的形状、大小以及场地的坡度挖造窖面。苓窖一般依山势而建，以 8°～15° 的坡度为宜，顺山开窖，开窖的方式为长条形。茯苓栽培开窖如图5-134。一般栽培窖宽 50～60 cm，窖长根据地形地势确定，窖底面不应挖为坑形，应挖成沟形，即远山端要挖开，可适当在窖底回填 10～20 cm 厚的松土（深挖浅种），窖深 20～30 cm，太深容易积水，造成烂菌种、烂苓。开好窖后应在窖底及四周撒一层石灰，在白蚁出没的地方撒杀蚁药。

图 5-134　茯苓栽培开窖

（4）下料

栽培用段木顺栽培窖方向纵向排放在栽培窖中，排放时按段木粗细交替摆放，较粗的木料用来接种，较细的木料用来作连接。两个相邻的段木应有一部分削皮处紧密贴靠在一起，空隙处用小木料连接。具体的做法是先通过调整段木方向及位置，将段木削皮处紧靠，缝隙用小木料、松木屑、松针等填严，但不要塞得过紧。

（5）接种、盖膜、覆土

木段摆好后应立即接种，应选坡度上方的段木端口为接种处，接种处要先开新口（图 5-135），再将菌种切成两半，不宜将菌种捏成细块或粉末。将菌种切口处紧贴段木新口处进行接种（图 5-136），垫好引木和新鲜松针叶，施好蚂蚁药，并在接种端加盖塑料薄膜（图 5-137），盖膜宽度以 20～40 cm 为宜。然后，开始覆土（图 5-138），窖顶部覆七厚度为 5～6 cm，窖面覆盖成龟背形，两边打好排水沟，排水沟底必须低于栽培沟内段木底部 5～6 cm，以防雨水进入苓窖，致使菌丝、段木和茯苓发霉腐烂。接种操作应在晴天进行，避免在雨天接种。接种量以每 50 kg 干段木用 1 kg 茯苓菌种为宜。

图 5－135　茯苓接种新口

图 5－136　茯苓栽培接种

图 5－137　茯苓栽培盖膜

图 5－138　茯苓栽培覆土

3. 下种后管理

茯苓下种后管理的核心是构建适宜茯苓生长的环境、防治病虫及逆境伤害，根据下种时间的不同，管理重点又有所侧重，具体如下。

（1）结苓前期

结苓前期指从接种至开始接苓这一时期。这一时期又可细分为定植期和菌丝延伸期。定植期指接种后至菌丝定植于段木内的时期，这一时期的管理核心是构建适宜于茯苓菌种定植的小环境。接种后 15 天内应保持窖内干燥，以利菌种菌丝向段木内生长，雨天应注意清沟和加盖覆盖物，以防止淋雨后烂种。接种 7 天后，就可于早晨露水未干时检查窖面表层土的干湿状况，若表层土较干，说明菌丝已经成活，若表层土较湿，说明菌丝可能没有成活。这时可以轻轻拨开土层，观察菌丝在木料上生长是否正常。若菌丝没有吃料或污染了杂菌，可将接有菌种的段木处理干净，晒干后重新接种。菌丝定植后即进入菌丝延伸期，这一时期应随时注意及时清沟排水，窖内不能积水，也要防止人畜践踏，并需及时去除杂草，还应及时培土，以防止沙土流失而导致木段外露。一般在接种后 30 天，菌丝可蔓延 30 cm 左右，接种 50 天左右形成网状连接包围木段，70 天左右有茯苓菌核生成，即进入结苓期。

（2）贴引

通常在播种 40 天后，当菌丝已长至菌材的另一端时，可在此处进行贴引。贴引即切一小块菌核作为快速结新菌核（苓）的引物，是茯苓栽培的重要技术。贴引的具体操作方法如下：首先选取新鲜、有活力、无变质、无霉菌感染，且与被贴引菌丝同菌株的茯苓菌核，切成 4～6 cm 见方的小块。然后将切块放入 1% 的石灰水、菇宝消毒液或其他专用消毒液中浸泡 3～5 分钟，取出待水分晾干后，将菌核切块贴在菌材的另一断面（非接种端）。贴引一般在 5 月底至 6 月上中旬进行。贴引后应注意保持覆土湿度，需经常在土表喷水，使覆上层含水量保持在 25%～30%。

（3）结苓期

温度适宜的情况下，接种 50 天左右的菌丝形成网状连接包围木段，菌丝由白色转变为棕红色，达到生理成熟期。大约 70 天时，茯苓菌丝便紧密地聚集在一起，形成菌核，即"结苓"。茯苓的生长和其他的菌类有所不同，它的生长过程完全在地下，并且具有相对的"不可见性"。当然在结苓期可以随时小心扒开土层检查菌丝生长和苓核生长情况，但一定要及时回填覆土，否则会对菌丝或苓核造成不同程度的伤害。在茯苓生长适期，最重要的管理工作就是培土填缝。在 6—9 月，温度适宜，苓核生长迅速，在苓核迅速膨大时地面可能出现龟裂，应及时培土填缝，防止茯苓长出土面，腐烂表皮，影响产量和品质。培土厚度应根据季节调整，春秋应薄一些，为 3～4 cm，夏冬培土应厚一些，为 6～7 cm。遇干旱严重时，可在早晚适当浇水保湿，但要少浇勤浇。夏季杂草生长旺盛，而杂草能跟茯苓抢夺营养，影响茯苓的产量，因此结苓期要随时除草。同时也要做好排水工作，防止栽培窖积水，造成茯苓发霉腐烂。

（4）冬季管理

茯苓较耐低温，当气温降到 0℃ 以下时，茯苓生长比较缓慢或者处于休眠状态，在春季气温回升后可继续生长。冬季可根据当地的气温适时加盖塑料膜、作物秸秆或加厚覆土保温保墒，防止土壤过干或因土层结冻过深冻烂茯苓。

4. 采收

茯苓接种后在适宜的生长条件下生长 7～10 个月，就会陆续成熟。当结苓处土面不再发生龟裂，而苓木木质呈棕褐色，一捏即碎，菌核表皮没有新的白色裂纹，表皮呈棕褐色，苓蒂与木段已松易脱时，表明茯苓已成熟，需要及时采收（图 5 - 139）。采收时需用刀子割断苓蒂，注意不要伤及木料上的苓皮和树皮，以利于新茯苓的生长。采收的成品茯苓如图 5 - 140。采收完毕后再用沙土盖好苓窖，在原来生长茯苓的地方很快又会长出新茯苓。由于茯苓的成熟期不一致，所以采收时应采取采大留小的原则，采收长大成熟的茯苓，而未成熟的茯苓可重新覆土等下一次再采收。段木栽培的茯苓根据段木大小接种一次一般可连续收获 3～4 年。采收时，如果木料是白黄色就能继续生长茯苓，采收后将段木埋在窖里，继续生长下一批茯苓。采收时如果木料全部变黑或腐烂，说明木段营养已被消耗殆尽，就不能再生长茯苓了。

图 5 - 139　茯苓采收　　　　　图 5 - 140　成品茯苓

（四）废菌料处理

茯苓属褐腐菌，栽培茯苓后的废菇木是很好的燃料，可集中出售。

（五）茯苓的加工

1. 茯苓挂面（图 5 - 141）加工实例

（1）原料

精面粉 100 kg，山药粉 1 kg，白茯苓粉 0.5 kg，食用精盐 1 kg。

（2）工艺流程

原料混匀→和面→熟化→压片→阴干→成品。

（3）操作要点

原料配方：精面粉 100 kg，山药粉 1 kg，白茯苓粉 0.5 kg，食用精盐 1 kg。

和面：按配方将山药粉与白茯苓粉掺入面粉中，加 26％过滤盐水或煮菇水，在搅拌机内搅拌 10 分钟，使面粉充分吸水膨胀，彼此黏结形成面筋网络。

熟化：将面团于 23 ～ 27℃ 环境下放置 15 分钟，待面料充分吸水膨胀熟化后，再上机压片。熟化好的料坯具有一定的延伸性。

压片：将熟化好的料坯放入压面机内，通过双辊挤压成面片。再通过数道压辊，力求面筋网络分布均匀，将面片切成宽 1 mm、厚约 0.8 mm 的小面片。再将小面片通过轧条机，切成宽 1 mm、长 20 cm 的面条，最后上架阴干。

阴干：阴干室的空气相对湿度为 70％～80％，室温控制在 15～20℃。将面条挂于阴干室内架上阴干或通过一定的风量使面条缓慢干燥，阴干时间约 8 小时。室内阴干温度切忌过高，否则，面条会产生微裂。应注意通风排潮，使面条缓慢干燥，含水量降到 14％即可。

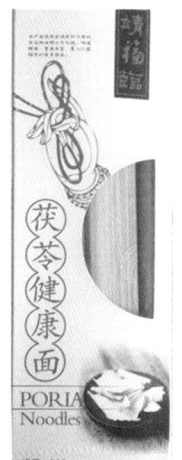

图 5 - 141　茯苓挂面

2. 茯苓片干品（图 5 - 142）

（1）工艺流程

材料准备→浸泡与洗净→蒸煮→干燥→质检与包装。

（2）技术要点

①材料准备

选择新鲜或干燥的茯苓作为原材料。如果选用新鲜茯苓，需要在采摘后及时进行清洗和去皮处理；如果选用干燥茯苓，则需要先浸泡在清水中软化。

去皮切片：对于新鲜茯苓，初步挑选去皮后，进行切片处理。切片厚度可以根据需要进行调整，但一般要求均匀。

②浸泡与洗净

将切好的茯苓片放入清水中浸泡，浸泡时间一般为1～2天，直到茯苓片充分吸水并变软。然后取出茯苓片，用清水冲洗干净。

③蒸煮

将茯苓片放入蒸锅中，用武火加热至水沸腾，持续蒸3～4小时，直到茯苓片完全熟透。

④干燥

将蒸熟的茯苓片取出，进行干燥处理。干燥方式可以选择自然晾干或使用烘干设备，如空气能热泵烘干机。利用热泵烘干技术可以保留茯苓的固有药效，且干燥后的茯苓品质上乘。

⑤质检与包装

对干燥后的茯苓片进行质量检查，确保符合相关标准。然后将其包装在密封袋或容器中，以防止受潮和污染。

图5-142　茯苓片干品

参考文献

[1] 马富英. 侧耳属菌株分子分类和分子系统发育关系研究 [D]. 武汉：华中农业大学，2002.

[2] 邹燕，吕金丽，王一. 六枝特区平菇产业发展现状及对策建议 [J]. 四川农业科技，2024（2）：92-94.

[3] 邹能英，杨守禄，黄安香，等. 平菇栽培技术及菌渣利用研究进展 [J]. 中国食用菌，2023，42（4）：1-9，17.

[4] 中华全国供销合作总社. 平菇：GB/T 23189-2008 [S]. 北京：中华全国供销合作总社，2008.

[5] 云南省食用菌标准化技术委员会. 平菇栽培技术规程：DB53/T 845-2017 [S]. 昆明：中华全国供销合作总社昆明食用菌研究所，2017.

[6] 江西省农业农村厅. 平菇生产技术规程：DB36/T 908-2023 [S]. 南昌：江西省农业农村厅，2023.

[7] 张树庭，P G Miles. 关于中国香菇早期栽培的历史记载 [J]. 《浙江食用菌》编辑部，译. 浙江食用菌，2010，18（5）：40-43.

[8] 吕鹏涛. 香菇生产中异常表型菌株生物学特性及形成特点研究 [D]. 武汉：华中农业大学，2023.

[9] 季丽英. 与香菇鼻祖吴二公相关的庆元香菇历史文化 [J]. 大众文艺，2011（6）：219-220.

[10] 陈晓岚，付金生，周建方. 河南袋料香菇主要栽培模式及关键技术环节 [J]. 食用菌，2014，36（5）：53.

[11] 付显锋. 高温香菇高效栽培配方的筛选 [J]. 中国食用菌，2021，40（6）：50-55.

[12] 郭家瑞，王卫国，李磊，等. 灰树花研究概述 [J]. 食用菌，2010，32（4）：1，2，13.

[13] 胡汝晓，王春晖，周宇，等. 灰树花菌包营养供应对子实体的影响 [J]. 中国食用菌，2021，40（7）：21-24，29.

[14] 王春晖，尹永刚，胡汝晓，等. 基于 ISSR 和 RAPD 标记的八株灰树花栽培菌株遗传多样性分析 [J]. 食用菌学报，2013，20（4）：1-5.

[15] 胡汝晓，王春晖，彭运祥，等. 一种灰树花袋栽割口覆瓦式催蕾方法：

20111044050.8 ［P］. 2013 - 06 - 05.

［16］胡汝晓，王春晖，彭运祥，等．一种灰树花三级菌种制作方法：201410156608.3 ［P］. 2016 - 03 - 02.

［17］胡汝晓，王春晖，彭运祥，等．一种灰树花工厂化生产分段育菇方法：201410156609.8 ［P］. 2015 - 12 - 30.

［18］王春晖，胡汝晓，姜性坚，等．一种灰树花生产配方及其制作方法：201410094328.4 ［P］. 2016 - 02 - 03.

［19］湖北省农业农村厅．灰树花栽培技术规程：DB42/T 1840—2022 ［S］．宜昌：宜昌市农业科学研究院，2022.

［20］丽水市农业农村局．灰树花生产技术规程：DB3311/T 239—2023 ［S］．丽水：丽水市农业农村局，2023.

［21］郑苗苗，池玉杰，邵淑丽，等．灰树花漆酶基因及启动子克隆和序列分析 ［J］．西南农业学报，2014，27 (2)：606 - 612.

［22］周知群，叶长文，毛可荣，等．灰树花菌棒式栽培及覆土二次出菇技术 ［J］．食用菌，2007 (3)：43 - 44，47.

［23］胡婷婷，尚皖新，张雅芝，等．伊犁河谷温室药食用真菌灰树花覆土栽培技术 ［J］．现代农业科技，2020 (12)：106 - 107.

［24］王伟科，周祖法，陈青，等．灰树花菌丝体与原基转录组差异表达分析 ［J］．上海交通大学学报（农业科学版），2016，34 (1)：74 - 80.

［25］叶建强，宋冰，李玉，等．灰树花生理成熟期到出菇期生理生化初探 ［J］．江苏农业科学，2018，46 (19)：133 - 136.

［26］姚平生，姚秋生．日本灰树花栽培技术 ［J］．中国食用菌，2001 (6)：33 - 34.

［27］杨国良，张淑霞．灰树花栽培新技术 ［M］．上海：上海科学技术文献出版社，2005.

［28］湖北省农业农村厅．灰树花菌种：DB42/T 2022—2023 ［S］．宜昌：宜昌市农业科学研究院，2023.

［29］吕晓丽．寒地食药用菌灰树花的覆土高产栽培技术 ［J］．农业科技通讯，2007 (9)：88.

［30］周明．灰树花"一筒双收"丰产栽培技术 ［J］．现代农业科技，2007 (17)：29.

［31］房玉洁，王冬梅，史秀娟．灰树花的生物学特性及高产栽培技术 ［J］．中国果菜，2004 (2)：18 - 20.

[32] 韦永贤，张瑞豪，梁灵刚，等．灰树花仿野生高产栽培技术 [J]．安徽农学通报，2009，15 (8)：207-208．

[33] 胡汝晓，王春晖，徐宁，等．工厂化栽培杏鲍菇原料和子实体农残及重金属分布情况初探 [J]．食用菌，2015，37 (6)：64-66．

[34] 胡汝晓，黄晓辉，王春晖，等．松、杉和樟木屑对杏鲍菇菌丝和子实体的影响 [J]．中国食用菌，2018，37 (6)：27-31．

[35] 胡汝晓．我国杏鲍菇产业发展现状与建议 [J]．中国食用菌，2016，35 (5)：1-5．

[36] 姜性坚，王春晖，胡汝晓，等．杏鲍菇工厂化生产关键技术的研究 [J]．中国食用菌，2011，30 (1)：23-25，41．

[37] 姜性坚，王春晖，彭运祥，等．杏鲍菇下脚料综合利用的研究 [J]．中国食用菌，2011，30 (6)：26-28．

[38] 胡汝晓，王春晖，彭运祥，等．一种生产杏鲍菇的袋栽拉角式催蕾方法：201110440024.5 [P]．2013-06-19．

[39] 史忠良．食用菌培养料的分类及处理方式 [J]．农技服务，2011，28 (12)：1734-1735．

[40] 翁赐和，翁建新．立式、卧式 2 种培养料装袋机的构造特征 [J]．中国食用菌，2010，29 (3)：69-70．

[41] 郝光明．工厂化栽培食用菌应重视的几个栽培技术问题 [J]．食用菌，2006 (4)：29-31．

[42] 林兴生，林衍铨．袋口高度、光照、CO_2 等因子对杏鲍菇工厂化栽培的影响 [J]．基因组学与应用生物学，2009，28 (4)：737-739．

[43] 钱学森，许国志，王寿云．组织管理的技术：系统工程 [J]．上海理工大学学报，2011，33 (6)：520-525．

[44] 刘遐．我国食用菌工厂化生产发展的若干重要关系（一）[J]．食用菌，2005 (1)：1-2．

[43] 詹锦川，朱轶峰，程继红，等．工厂化栽培食用菌关键技术智能控制系统示范研究 [J]．食用菌，2007 (2)：3-4．

[45] 程继红，陈传喜，李金鑫．食用菌工厂化生产中 HACCP 智能监控系统的开发应用 [J]．中国农学通报，2008，24 (S2)：449-454．

[46] 王运圣，万常照，郭倩，等．基于 RFID 技术的食用菌工厂化生产管理系统方案 [J]．农业工程学报，2008，24 (2)：206-210．

[47] 钟孟义．浅析食用菌工厂化栽培成功的要素 [J]．中国食用菌，2009，

28 (4)：65-67.

[48] 刘遐．我国食用菌工厂化生产发展的若干重要关系（二）[J]．食用菌，2005 (2)：1-2.

[49] 刘遐．我国食用菌工厂化生产发展的若干重要关系（三）[J]．食用菌，2005 (3)：1-2.

[50] 覃宝山，覃勇荣．新型培养料栽培食用菌研究的现状及展望 [J]．中国农学通报，2010，26 (16)：223-228.

[51] 黄毅．食用菌工厂化栽培实践 [M]．福州：福建科学技术出版社，2014.

[52] 魏峰，侯祥保，魏琳娜．杏鲍菇 1 号的生物学特性及覆土栽培技术 [J]．北方园艺，2009 (1)：221-222.

[53] 池田忠夫，大口春夫．日本食用菌工厂化生产的发展历程和业务模式 [J]．浙江食用菌，2009，17 (1)：16-18.

[54] 刘建军，金力，朱爱莲，等．食用菌工厂化生产培养料制备技术的研究 [J]．食用菌，2009，31 (6)：30-32.

[55] 杨祝良，臧穆．我国西南小奥德蘑属的分类 [J]．真菌学报，1993 (1)：16-27.

[56] 肖自添，何焕清，刘明，等．卵孢小奥德蘑栽培发展历程及技术要点 [J]．食药用菌，2022，30 (4)：277-282.

[57] 陈建飞，程萱，周爱珠，等．长根菇化学成分及药理作用研究进展 [J]．食药用菌，2018，26 (4)：222-224.

[58] 湖南省供销合作总社．黑皮鸡枞栽培技术规程：DB43/T 1726—2019，[S]．长沙：湖南省供销合作总社，2019.

[59] 浙江省林业标准化技术委员会．林下套种菌药生产技术规程　第 2 部分：黑皮鸡枞：DB33/T 2558.2—2022 [S]．杭州：浙江省林业局，2022.

[60] 河南省农业农村厅．黑皮鸡枞菌栽培技术规程：DB41/T 2184—2021 [S]．郑州：河南省农业农村厅，2021.

[61] 中关村绿谷生态农业产业联盟．药食同源食用菌标准　黑皮鸡枞菌　第 1 部分：黑皮鸡枞菌生产技术规程：T/GVEAIA 009.1—2019 [S]．北京：北京炎黄医养科技有限公司，2019.

[62] 辽宁省农业农村厅．黑皮鸡枞熟料袋式栽培技术规程：DB21/T 3591—2022 [S]．沈阳：辽宁省农业农村厅，2022.

[63] 黎勇，王小丹，付前发，等. 黑皮鸡枞菌的人工栽培技术研究 [J].
食用菌，2012，34（1）：37－39.

[64] 朱守典，顾鲁同，杨洁，等. 苏北地区棚室黑皮鸡枞菌高效栽培技术
[J]. 长江蔬菜，2021（17）：45－47.

[65] 湖南省食用菌标准化技术委员会. 菌糠栽培双孢蘑菇技术规程：
DB43/T 1260—2024 [S]. 长沙：湖南省供销合作总社，2024.

[66] 韩晓芳，杨杰，吴艳，等. 双孢蘑菇新品种冀 168 栽培特性初报.
[J]. 中国食用菌，2010，29（2）：15－16，31.

[67] 卢政辉. 双孢蘑菇培养料堆制技术的变革和最新进展. [J]. 中国食
用菌，2009，28（1）：3－5.

[68] 王波. 野生双孢蘑菇形态特征及出菇验证. [J]. 中国食用菌，2002，
21（1）：37.

[69] 中华人民共和国农业部. 双孢蘑菇菌种：GB 19171—2003 [S]. 北
京：中国标准出版社，2003.

[70] 湖北省农业农村厅. 杏鲍菇菌渣栽培双孢蘑菇技术规程：DB42/T
2203—2024 [S]. 武汉：武汉市农业科学院，2024.

[71] 浙江省种植业标准化技术委员会. 双孢蘑菇绿色生产技术规程：
DB33/T 447—2022 [S]. 杭州：浙江省农业农村厅，2022.

[72] 山西省农业科学院. 双孢蘑菇菌种生产技术规程：DB14/T 1375—
2017 [S]. 太原：山西省农业科学院，2017.

[73] 江西省农业农村厅. 大球盖菇菌种生产技术规程：DB36/T 1742—
2023 [S]. 南昌：江西省农业农村厅，2023.

[74] 湖南省供销合作总社. 大球盖菇栽培技术规程：DB43/T 2121—2021
[S]. 长沙：湖南省供销合作总社，2021.

[75] 江西省农业农村厅. 大球盖菇-水稻生产技术规程：DB36/T 1734—
2022 [S]. 南昌：江西省农业农村厅，2022

[76] 黄石市农业农村局. 大球盖菇大棚栽培技术规程：DB4202/T 24—
2022 [S]. 黄石：黄石市蔬菜科学研究所，2022.

[77] 湖南省农业标准化技术委员会. 冬季农闲耕地大球盖菇栽培技术规程：
DB43/T 1909—2020 [S]. 长沙：湖南省农业农村厅，2020.

[78] 江苏徐淮地区淮阴农业科学研究所. 大球盖菇生产技术规程：
DB3208/T 141—2021 [S]. 淮安：江苏徐淮地区淮阴农业科学研究
所，2021.

[79] 上海市种植业标准化技术委员会. 稻秸秆栽培大球盖菇技术规程：DB31/T 1404—2023 [S]. 上海：上海市农业农村委员会，2023.

[80] 黔东南州农业农村局. 大球盖菇简易大棚栽培技术规程：DB5226/T 234—2022 [S]. 凯里：黔东南州农业科学院，2022.

[81] 湖北省农业农村厅. 大球盖菇菌种：DB42/T 1839—2022 [S]. 宜昌：宜昌市农业科学研究院，2022.

[82] 陕西省农业农村厅. 大球盖菇菌种生产技术规程：DB61/T 1674—2023 [S]. 西安：陕西省农业农村厅，2023.

[83] 刘娟，闵冬青，唐可兰，等. 大球盖菇的研究现状及发展前景 [J]. 湖南农业科学，2021 (6)：113－117.

[84] 杨玉华，郑青焕，李梦春，等. 大球盖菇林下栽培模式探析及发展建议 [J]. 食用菌，2022，44 (6)：79－80，88.

[85] 黄美仙，岑燕霞，孙朋，等. 大球盖菇研究进展 [J]. 黑龙江农业科学，2021 (12)：124－129.

[86] 边银丙. 大球盖菇栽培技术及其创新发展方向 [J]. 食药用菌，2023，31 (6)：370－377.

[87] 黄磊，何春梅，司灿，等. 大球盖菇栽培研究进展 [J]. 中国食用菌，2023，42 (3)：8－14.

[88] 杨俊，卢华丽，卢华平，等. 湖北黄冈地区大球盖菇-水稻轮作发展现状与对策 [J]. 食药用菌，2024，32 (1)：18－22.

[89] 赵燕鸿. 美丽乡村视角下大球盖菇的栽培收益评价 [J]. 中国食用菌，2020，39 (8)：231－233，236.

[90] 浙江省种植业标准化技术委员会. 竹荪生产技术规程：DB33/T 2073—2017 [S]. 杭州：浙江省农业厅，2017.

[91] 湖南省供销合作总社. 长裙竹荪大田栽培技术规程：DB43/T 1440—2018 [S]. 长沙：湖南省供销合作总社，2018.

[92] 福建省农业农村厅. 竹荪栽培技术规范：DB35/T 1268—2021 [S]. 福州：福建省农业科学院，2021.

[93] 黄艳，林国强，江玉姬. 竹荪生长条件的初探 [J]. 武夷学院学报，2013，32 (2)：71－76，82.

[94] 颜振兰. 竹荪大田畦栽高效新技术 [J]. 食用菌，2010，32 (5)：56－57.

[95] 刘瑞壁. 竹荪发酵料高产栽培技术 [J]. 福建农业科技，2010 (2)：

38-39.

[96] 张金学，陈应龙，邬成义．竹荪人工栽培技术 [J]．安徽农学通报，2008，14（17）：164-165.

[97] 刘伟，蔡英丽，张亚，等．我国羊肚菌人工栽培快速发展的关键技术解析 [J]．食药用菌，2018，26（3）：142-147.

[98] 刘伟，张亚，何培新．羊肚菌生物学与栽培技术 [M]．长春：吉林科学技术出版社，2017.

[99] 何培新，刘伟，蔡英丽，等．我国人工栽培和野生黑色羊肚菌的菌种鉴定及系统发育分析 [J]．郑州轻工业学院学报（自然科学版），2015，30（Z1）：26-29.

[100] 徐文成．辽宁朝阳地区冬季日光温室羊肚菌栽培技术 [J]．天津农林科技，2019（5）：31-33.

[101] 江西省农业厅．羊肚菌大田栽培技术规程：DB36/T 1376—2020 [S]．南昌：江西省农业厅，2020.

[102] 山东省农业标准化技术委员会．羊肚菌安全优质生产技术规程：DB37/T 3948—2020 [S]．济南：山东省农业农村厅，2020.

[103] 湖南省农业标准化技术委员会．羊肚菌制种技术规程：DB43/T 2248—2021 [S]．长沙：湖南省农业农村厅，2021.

[104] 四川省林业厅．羊肚菌林下种植技术规程：DB51/T 2414—2017 [S]．成都：四川省林业厅，2017.

[105] 湖南省农业标准化技术委员会．羊肚菌简易拱棚栽培技术规程：DB43/T 1908—2020 [S]．长沙：湖南省农业农村厅，2020.

[106] 湖南省农业标准化技术委员会．白芨套种羊肚菌栽培技术规程：DB43/T 2119—2021 [S]．长沙：湖南省农业农村厅，2021.

[107] 吴鑫，严菊，刘文，等．羊肚菌生长发育条件及其栽培管理技术 [J]．农技服务，2023，40（7）：96-99.

[108] 安徽省农业标准化技术委员会．茯苓种植技术规程：DB34/T 2550—2015 [S]．合肥：安徽燕之坊食品有限公司，2015.

[109] 罗田县质量技术监督局．地理标志产品九资河茯苓：DB42/T 353—2011 [S]．黄冈：罗田县人民政府，2011.

[110] 贵州省林业厅．地理标志产品黎平茯苓种植技术规程：DB52/T 1056—2015 [S]．黔东南：黎平县人民政府，2015.

[111] 邢康康，刘艳，贺宗毅等．茯苓栽培技术研究进展 [J]．安徽农业科

学，2020，48（22）：7－9，13.

［112］荆丹，龙德祥，刘勇．茯苓椴木栽培技术［J］．安徽农学通报，2020，26（16）：43－44.

［113］黎绍波．大别山区茯苓高产栽培技术［J］．现代农业科技，2018，（13）：69－70.

［114］吴宸印，徐彦军，田浩原．不同碳氮源培养基对茯苓菌丝生长和产量的影响［J］．种子，2021，40（2）：102－105.

第六章　食用菌病虫害及其防治技术

第一节　食用菌病害及其防治技术

一、食用菌病害相关概念

1. 食用菌病害

食用菌如果在生长发育过程中，遭受一些病原菌和其他有害生物的侵染或不利环境因素的影响，其代谢作用就会受到干扰和破坏，在生理上和形态上就会发生一系列的变化，导致其生长不良甚至死亡，使其产量和品质下降，这种现象称为食用菌病害。食用菌病害通常指食用菌菌丝体、子实体被杂菌感染而对食用菌生产造成的危害。广义的病害一般也包括各种竞争性杂菌的危害。

2. 食用菌病害的病原

引发食用菌病害的原因称作病原。食用菌病害的病原分为生物性病原（真菌、细菌、病毒）和非生物性病原（不良的环境条件）两大类。

3. 食用菌病害的分类

根据食用菌病害特点、病原特点及防治措施不同，将食用菌病害分为竞争性病害、侵染性病害和生理性病害三种。

（1）竞争性病害

有害微生物与食用菌争夺营养、水分、氧气和生存空间，阻碍食用菌菌丝体在培养基上正常生长，并造成危害的病害。

（2）侵染性病害

侵染性病害主要是由各种病原物如真菌、细菌、病毒、线虫等引起。由病原物侵染食用菌子实体或菌丝体，使食用菌生理代谢失调，引起的病害称为侵染性病害或传染性病害。

（3）生理性病害

由非生物因素（如不适宜的培养基质和环境条件或栽培措施不当等）造成食用菌的生理代谢失调而发生的病害，被称为生理性病害。

二、食用菌主要病害及其防治

（一）食用菌竞争性病害及其防治

1. 食用菌主要竞争性病害

（1）木霉

木霉又称绿霉，常见的种类有绿色木霉和康氏木霉。木霉污染初期呈白色，菌丝纤细、致密，后逐渐产生绿色孢子而变成浅绿色，最后变成深绿色粉状物。图 6-1 为黑木耳菌棒感染绿霉。

木霉主要发生在菌种瓶（袋）未萌发的料内和采菇时残留的菇根上。一旦产生蔓延很快，如不及时处理，几天内绿色的霉层就能覆盖整个料面。木霉生长在培养料中的菌丝不规则，外观模

图 6-1 黑木耳菌棒感染绿霉

糊，先端菌丝不整齐，有明显霉味，原料发酸，往往会引起菌包发烧，受木霉污染的病区，食用菌菌丝不能生长或生长不良。

木霉是食用菌常见病害之一，引起食用菌木霉病的主要原因，一是培养料灭菌不彻底，或消毒不严格，接种后培养料中会很快发生绿霉病。二是培养环境高温高湿，通风不良，易引起木霉暴发，也可理解为不良环境影响食用菌生长，使食用菌抗性减弱，木霉病菌快速生长。

（2）曲霉

常见曲霉主要有黄曲霉、黑曲霉和灰绿曲霉。曲霉污染的初期出现白色绒状菌丝，菌丝较厚，扩展性差，随后很快转为黑色或黄色颗粒状霉层。图 6-2 为平菇三级菌种感染黄曲霉。

曲霉污染主要发生在食用菌制种及栽培温度高的时期，污染后，曲霉会与食用菌菌丝体争夺培养料中的养分。

图 6-2 平菇三级菌种感染黄曲霉

（3）毛霉和根霉

常见毛霉为总状毛霉，常见根霉为黑根霉。毛霉和根霉污染初期呈浅白色，菌丝纤细，不久变成灰白色。在 25～35℃条件下，毛霉和根霉菌丝及假根长入培养基后向上伸出较长的孢子柄，顶端形成黑色孢子囊；根霉菌丝生长比毛霉慢。毛霉和根霉污染多数是由于培养料灭菌不严格，常称为料没有蒸熟。食用菌接种后 2～3 天，在菌袋口和菌种棉塞上会很快长出绒毛状的菌丝，与用豆腐制作腐乳时情形相似。

毛霉和根霉对食用菌的危害，主要是隔绝氧气，争夺养分和水，分泌毒素，影响菌丝的生长，致使食用菌菌种生长不良而渐渐萎缩、发黄、死亡。

（4）红色链孢霉

红色链孢霉污染初期呈浅白色，菌丝生长速度极快，前期易在袋内产生浅黄色积水，并在袋口或塑料袋破裂处形成白色块状原基，成熟后变成橘红色粉状孢子。图 6 - 3 为香菇菌棒感染红色链孢霉，红色链孢霉多在发菌期产生，与食用菌菌丝争夺营养，并对食用菌生产场地造成持续大面积污染，对食用菌菌袋生产的威胁很大。

图 6 - 3　香菇菌棒感染红色链孢霉

在生产上，链孢霉又称镰刀霉，食用菌菌包发生链孢霉污染后往往很快在菌袋口或接种口、棉塞上长出一个白色或黄色粉状的馒头状物，轻轻触碰或有微风吹来时，孢子粉就会四处飘散。链孢霉是食用菌常见病原之一，特别是在香菇、双孢蘑菇、牛肝菌、平菇培菌期，由于培养基、土壤或生长环境消毒灭菌不严，通风不良，或突遇高温、高湿天气，很容易使链孢霉大量暴发，对食用菌菌丝生长产生很大影响。

（5）青霉

青霉也称蓝绿霉，常见种类有产黄青霉、指状青霉等。青霉污染初期生长白色绒状菌丝体，1～2 天后成粉粒状蓝绿霉并形成近圆形菌落，时常具有一条新生长的白边（图 6-4）。

高温高湿条件有利于青霉滋生。空气中的青霉孢子散落，使食用菌培养料

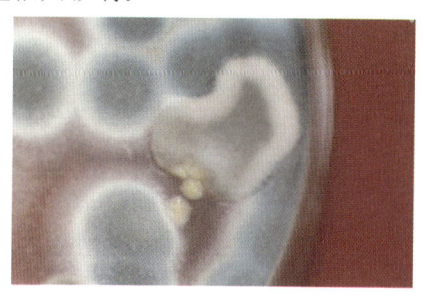

图 6 - 4　分种平板感染青霉

污染，在一定条件下寄生使子实体致病。

（6）鬼伞

鬼伞是食用菌生产中危害较大的一种竞争性杂菌，常发生在平菇、草菇、双孢菇等食用菌栽培中，特别是在草菇中最常见（图6-5）。常见的种类有毛头鬼伞、长根鬼伞、黑汁鬼伞等。

（7）细菌

细菌广泛分布于自然界，在有机体残体、塘水、空气中都有其芽孢和菌体存在。细菌可在多种食用菌的不同生长阶段产生危害，既会作为竞争性病害在菌种和菌包培养早期感染培养基质，也会作为侵染性病害感染食用菌丝体和子实体，引发多种侵染性病害。食用菌菌包一旦发生细菌感染，会使培养料发臭，可闻到明显的腐臭异味。食用菌子实体发生细菌感染，则多在菇盖上产生黏液，形成黄色病斑，具有异味。

图6-5　草菇菌床感染鬼伞

2. 食用菌竞争性病害主要防治措施

（1）选择新鲜无霉变原料

①麸皮、豆粕粉、玉米粉在保存时要严防受潮霉变，同时应根据生产规模确定单次采购量，南方保存时间不宜超过6个月。

②棉籽壳易受潮成团，甘蔗渣（糖厂）易长链孢霉。

③松、杉、柏、樟的木屑因含抑菌物质，而不能用于大多数食用菌栽培，但有研究表明，经过适当的前处理，这些木屑也可作为部分栽培原料。

④木屑、秸秆、玉米芯等原料在生产前宜进行暴晒并翻晒。

（2）配方适宜

①不同品种配方不同（木腐菌、草腐菌）。

②同品种不同季节配方也略有不同。

③同品种不同原料产区配方不同。

④麸皮、糖、石灰用量要恰当。在生产中，糖添加过量现象普遍存在，不仅增加生产成本，还会大大增加竞争性杂菌感染的概率；而麸皮添加过量，则易引起木霉病的发生，或者导致延迟出菇。

（3）灭菌彻底

①杂木屑、玉米芯、莲籽壳等部分难吸收水分的碳源物质要充分预湿，确保湿热灭菌。

②灭菌途中需保持温度，停火与停气都会导致灭菌不彻底，在生产中，尤其是锅炉加水导致的停气常被生产者忽视。

③灭菌时间要充分，菌包大小、菌堆大小、堆码方式均会影响灭菌时间，不能简单根据料总量确定灭菌时间。

（4）三室（灭菌室、接种室、培养室）消毒灭菌

①灭菌室、接种室、培养室杂菌污染特点各不相同，应根据各自污染特点确定消毒灭菌方式。

②食用菌杂菌感染与出现症状不同步，灭菌室、接种室、培养室应定期消毒灭菌并通过环境监测手段定期监测。相对于一般精密工业采用净化技术监控生产环境，食用菌生产应依据《医药工业洁净室（区）沉降菌的测试方法》（GB/T 16294 — 2010）监控环境。

（5）接种工具消毒灭菌要彻底

①灭菌不要留死角，除接种钩、接种镊、接种钯等直接与菌种接触的工具需灭菌外，接种箱、酒精灯、接种架等不与菌种接触的工具也不应被忽略。

②灭菌时间要充分，灭菌时一定要注意有效灭菌时间，如接菌钩过火，宜从头到尾、从尾到头缓慢过火，而不宜快速不规则晃动。

③不同材质接种工具应用不同消毒灭菌方法，既要保证灭菌效果，也要确保操作人员自身安全。

（6）接种操作要严格

①接种动作要规范。

②接种动作在达到前项要求的基础上，要尽量快，菌种暴露时间越短，被感染概率越低。

（7）棉塞防潮、菌瓶菌袋避免破损

①菌种保藏环境要低温、干燥。

②菌瓶菌袋质量要好。

③碳源粉碎质量要好，预湿要充分，有杂质的要过筛，以防刺破菌袋。

（8）生长条件要适宜

①生长条件分培菌和出菇两个阶段，不同阶段关键参数不同。

②核心生长条件：温度、光照、湿度、氧气，要分清主次，并协调好

各参数之间的关系；

③要充分考虑检测值与真实值之间的差异。

（9）添加合适的化学药剂

①如果确实没有足够有效的农业、物理或生物措施，在确保人员、产品和环境安全的前提下，必要时可合理使用低风险农药。

②选用的农药应符合相关的法律法规，并获得国家在相应作物上的使用登记或省级农业主管部门的临时用药措施许可，不同食用菌品种可用的化学药剂存在差异（如木耳和猴头菇对多菌灵敏感），不属于农药使用登记范围的产品（如乙醇、食盐）除外。

③应按照农药产品标签的规定使用农药，控制施药剂量（或浓度）、施药次数和安全间隔期。

④应根据病害发生的特点、危害程度和农药特性，在主要防治对象的防治适期，选择适当的施药方式。若采用拌料方式用药，要注意有效成分的热敏特性。

⑤农药剂型宜优先选用悬浮剂、微囊悬浮剂、水剂、水乳剂、颗粒剂、水分散粒剂和可溶性粉剂等环境友好型剂型。

⑥此外，要注意食用菌出菇期短，且多鲜销鲜食，应尽量避免向菇体喷洒农药。

（二）食用菌侵染性病害及其防治

1. 食用菌主要侵染性病害

（1）褐腐病（真菌性）

褐腐病又称疣霉病、湿泡病、白腐病等，可发生在食用菌子实体形成的不同时期。例如，在菌丝扭结期，往往在菌床表面形成一堆白色绒状物，而后渐变为黄褐色，并渗出褐色水珠，有臭味；在原基分化期，菌床表面形成不规则白色硬块，后逐渐变为暗褐色并渗出暗褐色液体，并腐烂；在幼蕾期，菌柄膨大变形，菌盖发育停止，子实体畸形，渐变为暗褐色，渗出褐色液体并腐烂；在子实体形成后，菌柄膨大，菌盖发育慢且形成褐斑。褐腐病主要危害双孢蘑菇、草菇、金针菇、香菇、平菇、银耳、灵芝等。

（2）褐斑病（真菌性）

褐斑病又称轮枝霉病、干泡病、黑斑病等，主要危害双孢蘑菇、草菇和香菇等。

食用菌原基感染后畸形，幼菇感染会使菌柄变粗，出现褐色条纹，菌盖变小并有许多褐色斑点，以后斑点逐渐扩大并凹陷，最后幼菇干裂枯死。但菇体不腐烂、无臭味。

（3）猝倒病（真菌性）

猝倒病又称镰孢霉病、立枯病、萎缩病，病原主要侵染食用菌菌柄。猝倒病通常发生在幼菇期，感染前期菇体软绵呈失水状，发黄，接着菌柄由外向内变为褐色，菇体生长缓慢甚至停止生长，整个菌柄或菇体变褐枯萎，但不腐烂，最后僵硬或猝倒。猝倒病主要危害蘑菇、平菇、银耳等。

（4）软腐病（真菌性）

软腐病又称蛛网病、腐烂病，此病主要危害平菇、双孢菇等。

软腐病若在食用菌子实体长出前侵染，床面上会看到灰白色霉斑，然后病斑迅速扩大并变为暗绿色，发病部位不再出菇。若在子实体长出后受害，菇柄基部会出现淡褐色不规则水渍状病斑，病菌逐渐向上蔓延，子实体很快被蛛网状菌丝体覆盖而软腐。

（5）细菌性斑点病（细菌性）

细菌性斑点病又称细菌性褐斑病、细菌性麻脸病，主要危害蘑菇、平菇、金针菇等。

病斑只在菌盖上发生，发病初期菌盖表面产生黄色或褐色小点或病斑，后期逐渐发展成为暗褐色凹陷病斑，产生褐色黏液并散发出臭味。感病菇干瘪扭缩，色泽差，菌盖易开裂。

（6）菌褶滴水病（细菌性）

菌褶滴水病主要危害蘑菇。在蘑菇开伞前没有明显的病症。如果菌膜已经破裂，就可发现菌褶被感染。在感染的菌褶组织上可以看到奶油色的小液滴，最后大多数菌褶烂掉，变成一种褐色的黏液团。

（7）细菌性软腐病（细菌性）

细菌性软腐病又称细菌性腐烂病。由荧光假单胞菌引起，主要危害双孢蘑菇、凤尾菇。

食用菌被该病菌侵染后，发病部位多从菌盖开始，有时也先感染菌柄。发病初期，在菌盖上可出现淡黄色水渍状斑点，然后迅速扩展，当病斑遍及整个菌盖或延伸至菌柄后，整个子实体变为褐色，最后引起子实体软腐，有黏性，并散发出恶臭，湿度大时菌盖上可见乳白色菌脓。

（8）平菇黄斑病（细菌性）

平菇黄斑病又称黄菇病（图6-6）。平菇子实体感染初期，菌盖边缘表面会出现黄色的小斑点，以后逐渐变暗褐色，并出现圆形、椭圆形或不规则形凹陷病斑。病菇分泌黄色水滴并停止生长，致使整丛菇发病，但不腐烂。平菇和秀珍菇较易感染此病。

图 6-6　平菇黄斑病

（9）蘑菇干腐病（细菌性）

蘑菇干腐病又称干僵病。蘑菇子实体侵染病菌后正常生长分化，2 天后停止生长，菇体颜色暗淡失去光泽，菇盖皱缩，菇柄伸长，严重时菇盖歪斜，菇体干枯，逐渐萎缩死亡。病菇菌盖与菌柄连接处有明显的暗褐色病斑，将菌柄纵向撕开可发现一条暗褐色变色组织，菇盖硬而脆。

（10）蘑菇病毒病（病毒性）

蘑菇病毒病又称褐色病、菇脚渗水病、顶菇病，主要因菌种感染病毒引起。蘑菇菌丝体受病毒侵染后生长缓慢，子实体则表现为矮化，早熟易开伞，菇柄长得粗短并有褐色条斑。往往只有头潮菇出现病症。

病毒具有很强的侵染性，携带致病性的病毒浓度低时，菇体不出现病症，当病毒达到一定浓度时，菇体和菌丝出现一系列病变。

（11）香菇病毒病（病毒性）

香菇病毒病表现为菌丝生长阶段菌种瓶（袋）及栽培袋出现"秃斑"和退菌现象；在子实体生长阶段表现为畸形菇或子实体开伞早、菌肉薄、产量低。

（12）平菇病毒病（病毒性）

感染平菇病毒病后，菌丝生长速度明显减慢，菌丝稀疏、发黄或吐黄水，出菇阶段表现为菌盖畸形、僵硬或菌盖较小，表面出现明显的水渍状条斑，转潮时间推迟，且第二、第三潮菇同样畸形。

2. 食用菌侵染性病害主要防治措施

（1）选择高抗品种和脱毒菌种

抗性是不同品种的固有属性。从种性层面讲，不同品种食用菌对不同病害的抗性不同，尤其是主产区一定要选择对当地主要病害高抗的品种；从良繁层面讲，抗性会随着菌种的退化而退化，因此不应使用抗性退化的菌种；脱毒菌种的使用对预防病毒性病害十分关键，菌种脱毒属育种层面技术，需要先进的专业化设备和较高的技术水平，一般生产者可通过从专业水平高的育种单位引进种源，从而获得优良的脱毒菌种。

（2）保证菇房（棚）环境良好（适温、适湿、干净、通风良好）

保证良好的菇房环境（图6-7、图6-8）可提高菌丝体或子实体的抗性，同时可降低病原物浓度，从而减少病害的发生。

图6-7　菇棚周围干净无杂物

图6-8　菇棚内地面无菌渣等杂物

（3）适宜季节栽培

大多数食用菌栽培模式较为依赖自然气候条件，适宜季节栽培往往能为食用菌提供适宜的气候条件，提高菌丝体或子实体的抗性，从而减少病害的发生。

（4）用水清洁

食用菌用水，尤其是出菇期的用水，一定要清洁。不清洁的水往往会带有大量的病原微生物，从而大大增加食用菌感染病害的概率。

（5）消毒处理覆土

有些食用菌栽培需要覆土才能出菇，一定要根据栽培品种对覆土的要求，选择适宜的覆土，并进行消毒预处理。需要注意的是，不同品种的食用菌对覆土土质及消毒预处理要求是不同的。如图6-9所示为双孢蘑菇覆土消毒预处理。

（6）培养料发酵要彻底均匀

一些食用菌品种采用发酵料栽培。在培养料发酵过程中，有益微生物会大量繁殖，有害病原微生物会大大减少，

图6-9　双孢蘑菇覆土清毒预处理

同时也会产生利于该食用菌吸收利用的营养物质。因此，彻底、均匀地发酵培养料，对防止食用菌病害发生十分关键。

（7）防止害虫传播病菌

食用菌生产中，害虫也会传播病菌，生产中一定要做好害虫防治，有些本身危害不大的害虫也不能忽略。

（8）设备设施（出菇室、床架、器具）使用前后要消毒灭菌

对于一些季节性栽培的食用菌栽培场地，设备设施使用前消毒灭菌可有效降低生产过程和环境中的病原微生物含量，设备设施使用后消毒灭菌可有效降低场地环境中的病原微生物含量，两者均对防止病害发生十分有益。

（9）病菇和带病培养料（菌袋）及时处理

侵染性病害具有较强的传染性，因此要及时处理病菇和带病培养料（菌袋），以防病害的继续扩大和传染未染病的菌袋。

（10）使用合适的化学药剂

化学药剂的选择、使用、注意事项参照本节"食用菌竞争性病害主要防治措施"相关内容。

（三）食用菌主要生理性病害及其防治

1. 食用菌主要生理性病害

（1）菌丝徒长

菌丝徒长的症状表现为菌丝在培养料面或覆土表面生长过旺，严重时结成菌块或白色菌皮，推迟出菇，甚至难以形成子实体。图6-10为平菇菌丝徒长。

（2）菌丝萎缩

食用菌栽培中，菌丝萎缩表现为有时在发菌或出菇阶段出现菌丝生长稀疏，出现萎缩甚至死亡现象。图6-11为平菇二级菌种菌丝萎缩。

图6-10　平菇菌丝徒长　　　　图6-11　平菇二级菌种菌丝萎缩

（3）拮抗线

拮抗线表现为菌丝尖端不继续发展，菌丝积聚，由白变黄，形成一道明显的菌丝线；或者菌丝交接处形成一道明显的菌丝线，界线分明。图6-12所示为平菇菌丝拮抗线。

（4）菌线稀疏

菌丝稀疏表现为菌丝稀疏、纤弱、无力，生长速度极慢等。图6-13所示为平菇菌包菌丝稀疏，图6-14所示为黑木耳菌棒菌丝稀疏。

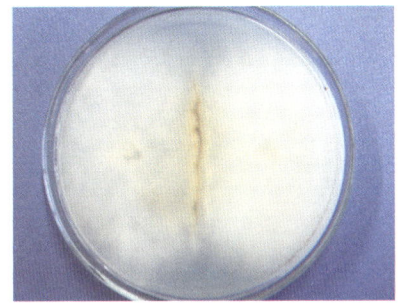　

图6-12　平菇菌丝拮抗线　　　　图6-13　平菇菌包菌丝稀疏

图6-14　黑木耳菌棒菌丝稀疏

（5）菌丝不吃料

菌丝不吃料表现为，表面菌丝浓密、洁白，但菌丝不向下伸展。开料检查时，有一道明显的断线，未发菌的基料色泽变褐，并有腐味。

（6）畸形菇

在子实体形成期遇不良环境条件，形成的子实体形状不规则，畸形，导致质量降低，称畸形菇，如花菜状平菇（图6-15）、高脚香菇、鹿角状灵芝等。需要注意的是，并非所有的畸形菇均为病畸菇。如花菇（香菇畸形菇）是人为培育的优良特色香菇产品。

（7）死菇

在出菇期间，幼小的菇蕾或小子实体，在无病虫害的情况下，发生变黄萎缩，停止生长甚至死亡的现象称为死菇，死菇严重影响食用菌生产前期产量。图6－16所示为平菇死菇。

图6－15　花菜状平菇

图6－16　平菇死菇

（8）着色病

着色病表现为子实体受环境不良因素刺激后，菇盖局部或全部变为黄色、焦黄色或淡蓝色，生长受到抑制，随着继续生长表现为畸形，严重影响商品质量。图6－17所示为平菇着色病。

（9）薄皮早开伞

薄皮早开伞表现为，子实体菌柄细长，菌盖瘦薄，早开伞。图6－18、图6－19所示分别为香菇、平菇薄皮早开伞。

图6－17　平菇着色病

图6－18　香菇薄皮早开伞

图6－19　平菇薄皮早开伞

2. 食用菌生理性病害主要防治措施

（1）选用长势旺盛的菌种，菌种切忌混杂

在生产中，同品种不同菌株菌种混杂现象时有发生，往往导致培菌出菇不整齐；也会发生不同品种菌种混杂，导致生产技术与品种不配套，出菇差甚至不出菇。

从菌种层面讲，如果菌种退化，菌种自身的农艺性状差，那么无论栽培技术如何先进，也无法获得应有的栽培效果。

从菌种良繁层面讲，如果制种技术不过关，菌种长势弱，或菌种老化，其栽培表现与菌种退化类似，也无法获得良好的栽培效果。

（2）选用新鲜优质培养原料

生产中，首先要防止氮源霉烂，霉烂的氮源营养会严重流失，从而导致菌丝生长稀疏无力，出菇效果差。其次，要特别注意碳源预湿发酵，有些碳源预湿发酵工艺不严谨，底层原料长期浸在水中，腐烂、发酸、发臭，产生有害物质，导致菌种吃料慢甚至不吃料，菌丝稀疏，栽培效果差；最后，要特别防止松、杉、柏、樟等不适宜树种的木屑掺入栽培木屑中，这些不适宜树种的木屑掺入，会导致菌丝稀疏，出菇畸形甚至不出菇。

（3）科学设计配方（培养料含氮量、含水量及 pH 值适宜）

每种食用菌都需要适当的碳氮比：碳氮比过高，即氮源添加少，则菌丝弱、产量低；碳氮比过低，即氮源添加过量，则菌丝生长旺盛、出菇迟甚至不出菇。

培养料含水量要适宜：含水量过高，会导致菌丝吃料延伸慢；含水量过低，会导致菌丝稀疏，产量低，甚至不出菇。

培养料 pH 值要适宜：培养料过酸过碱都会导致菌丝稀疏无力，出菇差甚至不出菇。

（4）装袋（瓶）后及时灭菌、严格灭菌

培养料装袋（瓶）后要及时灭菌，否则杂菌大量生长产酸，不仅消耗培养料营养，还会使培养料 pH 值过低，进而导致菌丝稀疏，产量下降。在实际生产中，生产者往往更为重视灭菌不彻底的问题，而对于过度灭菌相对缺乏关注。过度灭菌会导致培养料炭化，营养水平降低，从而减产。

（5）培菌房环境（温度、湿度、氧气含量）适宜，刺孔后及时散堆

培菌温度是第一重要因素。温度过低，菌丝生长慢，少数品种菌丝会稀疏；温度过高，菌丝稀疏无力，抗杂能力差，产量低。通气也很重要，通气不足，菌丝生长慢、稀疏发黄、抗杂能力差。也需关注湿度，空气相

对湿度应控制在 60%～70%。湿度过高，易导致氧气不足，且易滋生杂菌；湿度过低，易导致培养料表面干燥，使出菇困难或不出菇。

香菇和木耳栽培中的刺孔操作，以及菌种或其他品种发好菌的菌包搬动，都会导致菌包大量放热升温，应及时散堆，否则尽管空间温度适宜，也会造成烧菌现象发生，导致菌丝抗性变弱甚至死亡。

（6）加温时防止二氧化碳过量

低温发菌时，有时会使用煤火或炭火升温，同时会严密封闭菇房（棚），易导致二氧化碳过量，进而导致菌丝稀疏发黄、生长缓慢。

（7）科学使用化学药剂

科学使用化学药剂需要遵循三原则。

必要性原则：确实没有足够有效的农业、物理和生物措施，必要时才使用化学药剂。

安全性原则：选用的农药应符合相关法律法规，并获得国家在相应作物上的使用登记或省级农业主管部门的临时用药措施许可，特别要注意，不同食用菌品种可用的化学药剂存在差异，如木耳和猴头菇对多菌灵敏感。

正确性原则：应按照农药产品标签的规定使用农药，控制施药剂量（或浓度）、施药次数和安全间隔期。

（8）设施质量过关

首先，应选用优质塑料棚膜。质量不好的塑料棚膜中会含有有毒物质，且易被冷凝水析出，滴落到食用菌子实体上后，往往会使菌盖变为焦黄色。

其次，将菇棚搭成拱形或"人"字形，防止冷凝水直接落入菇床或子实体。菌床局部水分过高易导致菌丝腐烂，并滋生杂菌；冷凝水滴到子实体上，会使子实体褐变。

最后，其他设施质量问题也会导致一些特别的生理性病害，且这些病害不具有普遍性，给生理性病害查找原因及制定防治措施带来极大困难。

（9）采菇时宜用拧劲或用刀割

一些床栽培食用菌品种，采菇时一般会采大留小，且培养料易松动，因此采菇时宜用拧劲或用刀割，以防带起培养料，扯动周边小菇或菇蕾，进而导致死菇死蕾。

第二节　食用菌虫害及其防治技术

一、食用菌虫害相关概念

1. 食用菌害虫

在食用菌生长过程中，可能遭受某些细小动物如节肢动物、软体动物等的伤害和取食，通常以昆虫类发生量最大，危害最重。通常把对食用菌有害的细小动物（包括鼠类），统称为害虫。

2. 食用菌虫害

在食用菌害虫的作用下，对食用菌生长造成危害致使食用菌减产、畸形、损坏等的危害统称为食用菌虫害。

二、食用菌主要虫害及其防治

1. 食用菌主要虫害

（1）蚊类

食用菌生产中，人们把菌蚊、瘿蚊、粪蚊等危害食用菌的小个体双翅目昆虫俗称为菇蚊。菇蚊主要以幼虫危害菌丝、子实体及培养料。幼虫啃食菌丝，使菌丝萎缩，菇蕾发黄萎缩而死。幼虫还会将菌柄蛀成空洞，咬食菌褶，并产生难闻的腥臭味。菇蚊可危害平菇、香菇、蘑菇、木耳、茶树菇等多种食用菌。图 6 - 20 所示为嗜菇瘿蚊危害平菇。

图 6 - 20　嗜菇瘿蚊危害平菇

（2）蝇类

食用菌生产中，人们把果蝇、蚤蝇和厩腐蝇等危害食用菌的双翅目昆虫俗称为菇蝇。菇蝇主要以幼虫危害菌丝、子实体及培养料。幼虫啃食菌丝和培养料，造成菌块表面发生水渍状腐烂，白色菌丝消失，进而引起杂菌感染。周围若有菇蕾，还会导致菇蕾变褐，枯萎腐烂。幼虫还可

图 6 - 21　黑腹果蝇

从基部钻入菇蕾，在内部上下蛀食菇体，使菇体呈海绵状死亡。菇蝇可危害平菇、草菇、蘑菇、木耳等多种食用菌。图 6-21 所示为黑腹果蝇。

（3）螨类

螨虫属于节肢动物门、蛛形纲、广腹亚纲的一类体形微小的昆虫，体长一般在 0.5 mm 左右。螨类种类繁多，危害食用菌的螨类主要有蒲螨和粉螨。常见的蒲螨类有害长头螨，常见的粉螨类有腐食酪螨。螨类可危害食用菌生长的各个阶段。螨类会咬食菌丝，导致食用菌接种后不吃料，或菌丝消退，并传播杂菌；螨类取食菇蕾及幼菇时，可导致菇蕾或幼菇死亡；

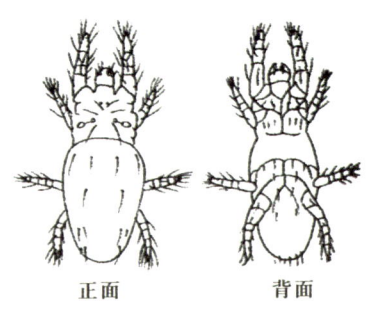

正面　　　　背面

图 6-22　菌螨

取食成菇时，造成菇体表面形成不规则的褐色凹陷斑点，子实体萎缩或成为畸形菇，严重影响品质。螨类可危害蘑菇、木耳、猴头菇、草菇等多种食用菌。图 6-22 所示为菌螨。

（4）跳虫

跳虫（图 6-23）属弹尾目，形如跳蚤，弹跳灵活，体长 1～2 mm，密集时形似烟灰，又称烟灰虫。跳虫多发生在培养料上，常密集生长在菇床表面上或阴暗潮湿处，咬食食用菌子实体，造成小洞，并携带、传播杂菌。跳虫繁殖很快，主要危害双孢蘑菇、草菇、香菇、黑木耳等。

图 6-23　跳虫

（5）线虫

线虫（图 6-24）属线形动物门、线虫纲，体形大小差别很大，小的不足 1 mm，大的长达 8 mm。危害食用菌的线虫主要有两大类：一类是寄生性线虫，具有能穿刺菌丝体并吸吮其内含物的吻针，主要有堆肥线虫和蘑菇菌丝线虫，可以以吻针刺入菌丝的细胞，吐入消化液，使细胞质解体并吸食细胞，导致菌丝萎缩死亡；出菇时，使菇蕾不断萎缩、腐烂，直至死亡，严重时直接导致不出菇。另一类为腐生线虫，无吻针，同时取食菌丝和基质，且其排泄物能阻止菌丝生长，主要有小杆线虫。线虫主要

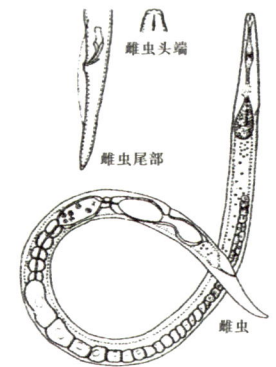

雌虫头端

雌虫尾部

雌虫

图 6-24　线虫

危害食用菌菌丝体，有线虫危害的培养料外观腐败黑湿，有刺鼻异味，严重时有鱼腥味。线虫主要危害蘑菇、草菇、平菇、银耳等。

(6) 蛞蝓

蛞蝓属软体动物门、腹足纲、蛞蝓科，又名鼻涕虫、软蛭、蜒蚰等。常见的种类有野蛞蝓（图 6-25）、黄蛞蝓、双线嗜黏液蛞蝓（图 6-26）。蛞蝓成虫及幼虫均可直接取食食用菌原基和菇体，留下明显的缺刻或孔洞，并留下白色透明黏液，严重影响食用菌的产量和品质。主要危害蘑菇、平菇、香菇、草菇、黑木耳等。

图 6-25 野蛞蝓　　　　　图 6-26 双线嗜黏液蛞蝓

(7) 鼠害

老鼠喜食食用菌菌丝体和子实体，尤其喜食麦粒（谷粒）菌种。老鼠往往咬破食用菌菌包的塑料袋，或咬掉菌种瓶上的棉塞、菌袋口上的套环而破坏食用菌菌种或菌袋，使之受到病原菌污染而发生绿霉病、链孢霉、根霉、毛霉等病害。另外，老鼠也喜食菌菇子实体，往往幼嫩的菇体被老鼠咬食后，菇体破碎变形，严重影响食用菌品质和产量。

2. 食用菌主要虫害防治措施

(1) 严格引种

螨类分散活动时很难被发现，菌种易带螨。应严格引入食用菌菌种，防止有害螨类传播。

(2) 注意生产场地内外环境卫生

应及时清除虫源。一是及时清除废菌料，二是在采摘菌菇时及时清除废菌渣。因食用菌菌丝体和子实体都易腐烂而诱生害虫，所以需注意生产场地内外环境卫生：①可直接降低虫口密度，从而降低虫害危害程度；②可从根源上消除害虫滋生地，从而达到对虫害的预防效果；③可对多种虫害起到有效的防治作用，是防治虫害最有效、最经济的措施。

（3）菇房菇架使用前后需熏蒸

对于一些季节性栽培的食用菌栽培场地，设备设施使用前熏蒸可有效降低生产时环境中的虫口，设备设施使用后熏蒸可有效降低场地环境的虫口，两者均对防止虫害发生十分有益，是进一步提高生产场地内外环境卫生的有效措施，对防治顽固性虫害十分关键。

（4）物理方式防虫杀虫

首先要注重防虫。食用菌生产场地较一般种植业封闭，对于一些迁移能力强的害虫，可考虑通过安装纱门、纱窗阻止其进入食用菌生产场地，也能达到预期的防治效果。

其次，可同时使用多种物理杀虫方式，如机械捕捉害虫，用灯光、色板、性诱剂和食物诱杀害虫。具体操作方法举例如下。①安装杀虫灯：在食用菌生产场地四周及出菇大棚外，应安装一定密度的诱杀灯（图6-27）；②挂黄板：在羊肚菌、黑皮鸡枞（图6-28）、平菇生产时，在菇床或菌架上方挂1～2排黄板，对于防治菇蚊、菇蝇很有效；③安装防虫网和防鼠网：在食用菌出菇大棚或菇房窗口上安装50目以上的防虫纱网，可有效阻挡蚊蝇进入，在菇房的地窗或排水口、地漏口上安装防鼠铁丝网，可有效阻挡老鼠侵入；④安装电子灭虫灯、电子驱虫灯、电子蚊香：在食用菌菇房或菇棚内安装电子灭虫灯、电子驱虫灯、电子蚊香，可有效防治蚊虫危害。

图6-27　太阳能风吸式杀虫灯　　图6-28　黑皮鸡枞出菇房悬挂的黄板

此外，还应注意食用菌生产的特殊性，一些在其他种植业中很好的防虫方式不一定适用于食用菌生产，如稻田养鸭除虫方法，由于鸭子（禽类）自身及其粪便带有大量病菌，就完全不能应用于食用菌生产。

（5）使用特定化学杀虫剂

如果确实没有足够有效的农业、物理和生物措施，在确保人员、产品和环境安全的前提下，必要时可合理使用低风险农药。

选用的农药应符合相关的法律法规，并获得国家在相应作物上的使用登记或省级农业主管部门的临时用药措施许可，不同食用菌品种可用的化学药剂存在差异，不属于农药使用登记范围的产品（如食盐）除外。

应按照农药产品标签的规定使用农药，控制施药剂量（或浓度）、施药次数和安全间隔期。

应根据虫害发生的特点、危害程度和农药特性，在主要防治对象的防治适期，选择适当的施药方式，特别要注意食用菌出菇期短，且多鲜销鲜食的特性，应尽量避免向菇体喷洒农药。

农药剂型宜优先选用悬浮剂、微囊悬浮剂、水剂、水乳剂、颗粒剂、水分散粒剂和可溶性粉剂等环境友好型剂型。

参考文献

［1］中国绿色食品发展中心. 绿色食品 农药使用准则：NY/T 393—2020
　　［S］. 北京：农业农村部农产品质量安全监管司，2020.
［2］胡殿明. 食用菌栽培技术［M］. 北京：中国林业出版社，2021.
［3］张瑞华，常明昌. 食用菌栽培［M］.3版. 北京：中国农业出版社，2021.